# オーロラ写真集
── 素晴らしい極光の世界 ──

赤祖父俊一 著

朝倉書店

北斗七星とアラスカの大地にふりそそぐオーロラの光（柳木昭信）．

### To teach many more to better know and use our natural resources

本書の刊行にあたって

アラスカ地理学会はオーロラ研究の世界的権威を著者として迎えることができたことを心から喜ぶものである．著者赤祖父俊一博士は，アラスカ大学地球物理研究所の教授として研究と教育に多忙である．教授は磁気圏嵐の関係書として"Polar and Magnetospheric Substorms"，"Physics of Magnetospheric Substorms"，"Solar-Terresrtial Physics"（共著）のほかにも，非常に多くの著作文献を書かれている．博士は英国王立天文学会からチャップマン賞を，また日本においては学士院賞を授与された．

本会は，フェアバンクス市アラスカ大学地球物理研究所が企画に協力されたことに感謝の意を表する．この研究所は1940年代後期に，米国議会により，北極圏における地球物理学研究センターとして創設されたものである．ここの研究所員は，オーロラ・磁気嵐・電波通信・気象・大気汚染・氷河・地震および北極圏の自然環境に関係のある多くの現象の解明に取り組んでいる．

編集者一同はまたオーロラ関係の写真，美術，その他の資料の蒐集と作成に協力された科学者，赤祖父博士の研究を支援された米国科学財団，調査を援助されたフェアバンクス市アラスカ大学エルマー・ラスマスン図書館員にも感謝を捧げる．

# AURORA BOREALIS
## The Amazing Northern Lights

Translated from AURORA BOREALIS, Vol. 6, No. 2 ALASKA GEOGRAPHIC, originally published in English by The Alaska Geographic Society, Box 4-EEE, Anchorage, Alaska 99509.

**ALASKA GEOGRAPHIC.**
Copyright © 1979 The Alaska Geographic Society. All rights reserved.

カリブーの角とオーロラ (M. Grassi).

# 日本語版の序

　オーロラ現象は，ここ10年間の研究でたしかにかなり理解できるようになってきた．しかし本当の意味での理解からはほど遠い．自然現象は一般に人間の頭脳が完全に理解しうるものよりはるかに複雑である．オーロラ現象も，そのいくつかの連鎖過程の一部をかなり抽象化してやっと理解し始めているところである．われわれにとってはその程度の理解でも，それができた時は嬉しいものである．嬉しさのあまり本当に理解したと錯覚を起こすこともある．そんな時，われわれを現実に引きもどしてくれるものは，北極圏の原生林の上空を舞うオーロラそのものである．現在電子工学の粋をつくした計測器で観測が行われているので，肉眼で見ることそのものが直接観測資料として役立つことは少ない．しかし，まきを割る手をしばし休めて零下50℃の空にオーロラを仰ぐとき，われわれのこの現象への理解の浅さを痛烈に認識させられる．

　オーロラ現象のおもしろさは，それが地球科学のもっとも困難な問題のひとつであると同時に，人類の極地への発展の歴史ときわめて密接に関係していることにもある．すなわちオーロラ研究の歴史は，人間の極地フロンティア開発の歴史でもある．この本を通じてオーロラの科学と同時に読者にそのおもしろさをわかっていただければ幸である．

　本書は，著者がアラスカで刊行した"AURORA BOREALIS"をもとに日本語版にしたものである．

　最後に，本書を刊行するにあたってお世話いただいた，朝倉書店の編集部のみなさんに謝意を表します．

赤祖父　俊一

すばらしいオーロラの出現．M. ブラビアス（M. Bravais）の北部ノルウェー探険（1837～38）のときのスケッチ．

オーロラは,しばしばアラスカの全天をおおってかがやく
(A.L. Snyder, Jr.).

# 目　　　次

は　じ　め　に……………………7
1. オーロラの伝説………………9
2. オーロラと極地探険家たち…24
3. オーロラと極地開拓者………35
4. オーロラの神秘にいどむ
　　科学者たち………………40
5. オーロラの謎を解く…………85
6. オーロラの研究目的………105
付録　オーロラの写真撮影……114
文　　　献……………115
索　　　引……………117

F. ナンセンの木版画. 北極海の流氷群にかこまれているフラム号の上にかがやく北極光 (Nansen: *Nord I Takeheimen*. 1911. トロムゾー大学オーロラ観測所, ノルウェー).

# はじめに

自然よ，おん身のおきてはどこへやってしまったのか？
深夜の国々から黎明が始まってくるとは！
太陽が王座を据えようとしているのではないか？
氷の海が炎を発するのではないか？
そうら，ひややかな焔がわれわれをつつんでしまった．
これらはどうしたことだ，夜というのに昼が地上にやってくるとは．
夜中に冴えた光がゆらめくのはたれの仕業か？
細い線状の炎を天空に射込むのは何者か？
嵐雲をともなわぬ稲妻さながら，
大地から空高くかけのぼるのは何者か？
凍った蒸気が冬のさなかに火を発するとは，
こんなことがあってよいものか．

M.V.ラマノーソフ
（K.チャップマン英訳）

アラスカの原始林を前にしたオーロラ
（M. Lockwood）．

　北極光（オーロラ・ボレアリス）は地上で見られる自然現象のうち，もっとも素晴らしいもののひとつといえる．その壮麗さは言葉ではとても表現できるものではない．19世紀の極地探険家で，著述家でもあったC. F.ホール（Charles Francis Hall）は，ためいきをついて叫んだものだ．「神でなくて誰が，こんな限りもなく素晴らしい景観を思いつくことができようか．こんなに豪華に天空一杯に描き出すのは，神でなくて誰にできようか」と．

　また，やはり極地探険家のひとりであるW. H.フーパー（William H. Hooper）は，「オーロラの絶えず変化して止まない豪華な様相を，描写しようと試みても言葉では最早無駄である．文章でも絵筆でも，オーロラの変幻きわまりない色彩を，その光輝や，壮大さを描くことは不可能である」と．それでも，北極や南極地方の探険史上に活躍した多くの人たちのなかには，探険家，学者，鉱山師，移住者，とばく師などさまざまな人物がいたが——自分たちが実見したこの驚異の光景を言葉を用いて伝えようと試みた．かれらの残した文章は今日読んでも興味がつきない．オーロラを十分に描くことは実際ほとんど不可能ではあるが，冒頭にその一部を引用した18世紀のロシヤの科学者ミハイール・バシーリビッチ・ラマノーソフ（Mikhail Vasil'evich Lomonosov）の詩は，少なくともオーロラの壮麗さを連想させてくれる．また極地探険家の報告書から，オーロラを直接見てきた友人から，あるいは雑誌に掲載された写真から，この寒冷の北空の光の物語に興味をもたれた人達も多いことと思う．本書はそのオーロラの全貌について解説を試みたものである．

　北極光は古代から人類の好奇心をそそった．オーロラについての記述は『旧約聖書』や中世ヨーロッパの文献だけでなく，ラプランド人，エスキモー，インディアンの神話にも語られている．本書ではまずこれらの記述をいくつかひもといてから，極地探険家の物語や北の地方の開拓者の説話について解説することにしよう．

　オーロラはまた，多くの著名な哲学者や科学者たちを魅惑してきた．かれらの中には，アリストテレス（Aristotle），デカルト（Descartes），ゲーテ（Goethe），H.キャベンディシュ（H.Cavendish），J.ドルトン（J.Dalton），E.ハレー（E. Halley），A.L.ウェゲナー（A.L.Wegener），B.フランクリン（B.

エスキモーの多くは，オーロラは生き物でそれにむかって口笛を吹くと，好奇心にかられて近寄ってくるものと信じていた．このような活発なオーロラは動く光の束と呼ばれる（赤祖父俊一）．

(左) 雷鳴を伴っていても不思議でなく思われる，オーロラのまばゆい，しかししずまりかえった光の波は，夜空を眺める人に怪奇の念を起こさせる（アラスカ大学地球物理研究所）．

(右) エスキモーの中には，オーロラは人間が死の国への旅に出かけるとき案内してくれる，精霊たちの携えるたいまつであろうと想像するものがいた．本図のオーロラはわずかながら活動しており，渦をまき始めている（大竹 武）．

Franklin）などがある．オーロラは近代科学上でも，最も研究意欲をそそる難問の一つである．本書では続いてオーロラの科学史と現象研究発展の概要を紹介する．オーロラがどうして起こるかについて，やさしく最新の知識を解説することにしよう．最後に，今日なぜオーロラを研究するかについて大要を述べるが，とくに未来の技術とオーロラとの重要な関連性を強調した．

# *1* オーロラの伝説

中世のヨーロッパにおいて,オーロラは凶兆とされていた
(W. Schröder).

オーロラを科学的に観察した記事を探すと,古くはローマ帝国時代にさかのぼって,セネカ(Seneca)の『自然に関する問題』の中に,またその前はアリストテレスの『気象学』の中に見つかる.セネカは西暦紀元初期のローマ哲学者であるが,つぎのように述べている.

> 天空のある箇所が開くと裂け目が現れる.そのぱっくりとあいた割れ目から,燃えさかっている火炎のようなものが見える.その色彩は多様で,真紅,メラメラ燃える淡い炎の色,白光などがあり,また輝くものもあれば炎を噴かず放射線も出さないで,静かに黄色に光るものもある.

『聖書』には明らかにオーロラの活動現象を調べたと思われる箇所がいくつかある.一例は『旧約聖書』マカベウス書(外典)II-5;1-4で紀元前176年頃に書かれた.

> この頃アンチオカスはエジプトへ第二回遠征軍を派遣した.そのとき都の至るところで,40日近くも中空に黄金おどしのよろいに身をかためた騎馬兵が突撃するのが見られた.長槍や抜身の剣をもってすっかり武装した歩兵隊と戦闘装備の騎兵団がかなたこなたで突撃と反撃をしあった.盾をふりかざし,槍を逆立てての激戦,飛び交う矢,黄金の飾り物,各種各様のよろいかぶとのきらめき.そこで人びとはみな,この幻がなにかの吉兆であるようにと祈った.

北極地方の文化はほとんどみなオーロラについて口碑をもち,それが代々伝えられてきた.エスキモー,アサバスカンインディアン,ラプランド人,グリーンランド人やアメリカ北西部のインディアンの各部族は,空に現れるこの神秘の光をよく知っていた.かれらの伝説にはいろいろ種類があるが,たいてい死後の生活に関するかれらの考え方に関連していた.オーロラについてのエスキモーの典型的な伝説は K.ラズムスン(Knud Rasmussen)や E.W.ホークス(Ernest W. Hawkes)や探険家,考古学者が口碑を記録した著書で読むことができる.ホークスはその著『ラブラドル・エスキモー』の中で,ひとつの伝説を語っている.

> 陸と海の涯は底知れぬ深淵に囲まれている.それを越えてせまい危険な一筋の歩道が天界に通じる.空は大地の上にアーチ状の固い建材でつくられた一大ドームをなしている.その中にひとつの穴があいており,それを通って死霊たちは天国へ行く.自殺あるいは変死をとげた人びとの霊

中世の画家が描いた、1560年頃ババリヤのバンベルグ市上空に出現した北極光。激しく動くオーロラは、迅速な光の流れのように見え、空での闘いを連想させる(チューリッヒ中央図書館、版画絵画室所蔵)。

中世ヨーロッパでは、オーロラの出現は彗星の出現と同じように災害の起こる凶兆とされ、恐怖をひき起こした。実際、オーロラと彗星を混同している記事が多く残っている (W. Schröder)。

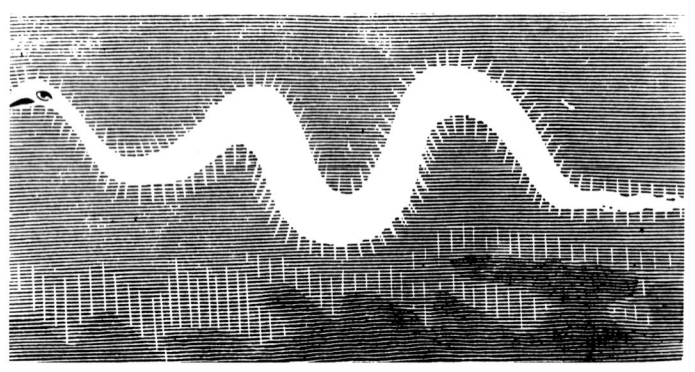

かつてオーロラを空中で踊り発光する蛇と見立てた人びとがあった (E.M Handie: The Cry in the Midnight〈深夜の叫び〉, 1883)。

とわたリカラスだけがこの通路を踏んで行くことになっている。天界に以前から住んでいる精霊は新入者の足許を照らしてやるため、たいまつに火を点ずる。これがオーロラの光である。精霊たちが天界で祝宴をしたり、セイウチの頭蓋骨で球技をしているのが見られる。

ときどきオーロラの発生とともにヒューヒュー、バリバリと聞こえる音は、天界の精霊たちが地上の人びとに語りかけようとするときの声である。それに答えるには、いつもささやくような低い声でないといけない。若者や子どもは、オーロラの動きに合わせて踊る。天界の精霊は「空の住人」と呼ばれる。

> E.W.Hawkes : The Labrador Eskimo(「ラブラドル・エスキモー」), Ottawa ; Government Printing Bureau (オッタワ政府印刷局), 1916, p.153.

つぎに述べるラズムスンの伝説は、エスキモーの一部族の文化に属するものであるが、その内容は他の部族のものと同類である。

死者はどこに行こうとも苦労することはない。にもかかわらず死者の大多数は、そこでは無限の悦楽をうることができるという理由で、昼の国の方がよいと言っている。死者の国ではエスキモーの大好きなゲームである球技を、笑ったりうたったりして、いつもやっている。球はセイウチのどくろを用いる。この球技の要領は、どくろのきばが下向きに地上に落ちて深く土の中へささるようにどくろをけりあげることである。亡霊たちの球技は地上の人間の眼にはオーロラとして見え、耳にはヒューヒューッ、サラサラッ、バリパリッと聞こえる。精霊たちが天国の堅く凍った雪の上をあちこち駆けまわるときにこの音が発する。もしわたしたちが北極光の現れているとき、たまたまひとりで外に出ていてこのヒューヒューッが聞こえたら、返事には口笛を吹くだけでよろしい。するとオーロラの光がそれにつられて近づいてくる。

> Knud Rasmussen : Intellectual Culture of The Iglulik Eskimo(『イグルリック・エスキモーの知的文化』), Fifth Thule Expedition (第五次チューレ遠征隊), Copenhagen ; Glydem Dalski Boghand, 1932, p.95.

頂で渦を巻くオーロラ
(赤祖父俊一).

ナダ中部のチップワ・インディアンは，明るいオーロラを空にいる鹿の大群と考えた(赤祖父俊一).

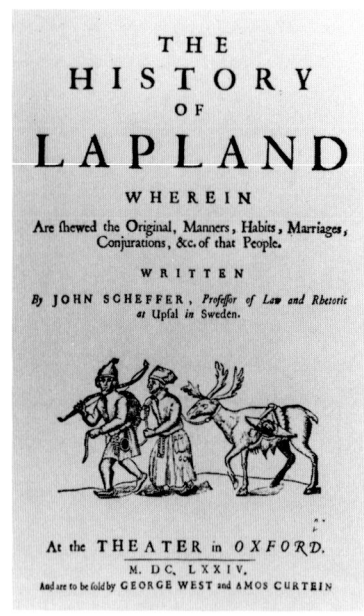

(左) スカンジナビア北部のラブランドでは，オーロラの物語が多い．

(右) ラブランドの人びとは，オーロラが出現すると狩の獲物が多いと語り伝えてきた(トロムゾー大学)．

インディアンもまたオーロラに関する興味深い伝説をもっている．

酋長ム・サルトー(M'sartto；明けの明星の意味)にはひとり息子があった．この子は部族外の息子たちとはまったく違っていて，他の子供たちとは遊びたがらず弓矢をもっていく日も外出するくせがあった．息子がどんないたずらをしているのかとあやしんで，酋長はある日後をつけていった．だいぶ先へ進んだとき，突然酋長は奇妙な気分におそわれた．まるで今まで知っていたことが，みんなかれの頭からフワフワーアと，とび去って行くような感じであった．とたんにかれは眼をとじた．再び眼をあけたときは，太陽も月も星も見えないが，とても明るい国にきていた．周囲には人が多勢いて意味のわからない聞きなれない言葉で話していた．人びとはすばらしい球技をやっているところだった．光がいろいろに変化するように思われた．球技をやっている人たちはみんな頭上に明りをともし，メンクワンすなわち「虹のベルト」と称する珍しいものをしめていた．いく日も息子を探したが見つからなかったが自分と同じ言葉をしゃべるひとりの男に出会った．その男もまた偶然この新奇な国へ入っていたのだが，酋長の息子の所在を知っていた．息子のいるところへ連れていってくれたが，息子は他の連中と球技をやっていた．ところが不思議なことに息子の頭上の明りはそこにいる誰のものより明るかった．ゲームが終わったとき老酋長はみんなに紹介され，北極光の国の首領によっててていねいに迎えられた．首領は従者に命じてK'che Sippeという名の巨鳥を2羽つれてこさせた．この鳥の翼に乗って下界の二人の住人，すなわち酋長とその息子は北極光の国ワ・バーバン(Wa-ba-ban)から故郷へ帰った．精霊の路ケット・ア・ガス・ワウト(Ket-a-gus-wowt)すなわち天の川をたどってきたのである．すると再び，ム・サルトーの頭からすべての記憶が消えてしまった．親子が家へ帰ったとき，酋長の妻はかれらがもうもどってこないのでないかと案じていたので，すっかり安心し，かれらが家を留守にしたことには文句も言わなかった．オーロラの国へ行くのはまれなことだが，まれにこの驚くべき旅行をした者はだれひとりとしてその記憶をもっていないのである．ひとり酋長の息子だけは例外で記憶を失うことなく，たびたびそこを訪れた．

Katharine B. Judson；Myths and Legends of the Pacific Northwest(『太平洋北西地方の神話と伝説』)，Chicago, A.C. McClurg and Co., 1910, pp.143－5.

13世紀ノルウェーの年代記『王の鏡』(バイキングの伝説のひとつ)の中に王がオーロラについて王子に語るところがある．

……その光はグリーンランド人が北極光と称するものと実際に同じかどうかは，たとえ長年グリーンランドに住ん

東部グリーンランドのエスキモーは，出産のとき死んだ子どもの霊がオーロラになると考えていた(T. Berkey)．

だ経験のあるものでも確信がないのじゃ．もちろん学者たちは，その光の成分について仮説を立てることだろう．オーロラの特性は夜が暗いほどはっきり見えるということ，現れるのはいつも夜間で昼には絶対に出ないことじゃ．眼に見えるところでは，非常に遠くからでも見える巨大な火炎にそっくりである．この炎の尖りが，いろいろな高さに打ち上げられ，絶えず動いてつぎつぎと上空へ飛びあがるように見える．オーロラの光は燃えさかる炎のようである．その発光がもっとも高いところにある時には，戸外に出ている人びとはその明りで周囲がすっかり見え，狩りに出かけることさえできるのじゃ．しかしながら，ときどきその光は弱くなる．まるで黒煙か濃霧が吹き込まれたようにしてじゃ．そんなときは，黒煙のためにオーロラが打ち負かされて今にもふき消されんばかりになる．ときおりオーロラは鍛冶場の炉から取り出したばかりの赤熱の鉄塊が大きな火花を飛ばすのに似ている．夜がふけるにつれ，オーロラはうすくなり夜が明けると，すっかり消えてしまう．オーロラの起こる原因を研究する学者たちは三つの起原を仮定した．そのうちのひとつは，あたっているにちがいないとわしは思う．ある学者たちは，地球の表面を流れるあらゆる河川や湖沼の周囲を火が旋回しているとの説を立てているが，グリーンランドは地球の最北端にあるから，オーロラは外洋を取り巻く火が発する光であるかもしれないとかれらは考えるのじゃ．またある者は，夜間太陽のコースが地球の下方にあるとき太陽光線がたまたま空高く放射されるのかもしれないと言う．グリーンランドは地球の果てのはるか遠くにあるから，日光をさえぎる地球の曲がった表面はそこではさほど出っ張っていないにちがいない，というのがかれらの主張なのじゃ．またそのほかに，グリーンランドでは霜と氷河が非常に優勢なので，そのような火炎を噴射することができるというのが，かれらの確信なのじゃ．

The King's Mirror(『王の鏡』; Speculum Regale : Konungs Skuggsja). The American-Scandinavian Foundation, 1917, pp.146-51.

有史以来，オーロラはしばしば中緯度まで南下して出現し，イタリアとフランスの住民を震えあがらせた．中緯度で見られるオーロラは濃い暗赤色なので，ヨーロッパの人びとはそれを見て血と戦闘を連想した．かれらにとってオーロラは災害の起こる凶兆であった．このような赤いオーロラの記事は東西の文献の中に見出される．これに関する中国の代表的な描写は「建炎四年．五月壬子．赤雲亘天．中有白気十余道貫之如練．起於紫微．犯北斗及文昌．由東南而散．〔宋史巻 天文志，文献通考巻 象緯考〕」というのである．

セネカの説は，「史書でしばしば読んだように，空がもえるように見える．その赤熱の光は，ときには非常な高度にのぼり星の間で輝くかと思うと，また地上に接近

オーロラについて中世の典型的な考え方を示す図．空を駆け廻る騎馬兵団を表す（N. Pushkov and S.I. Isaev）．

1560年12月28日ドイツで見られたオーロラを描いたもの（W. Schröder）．

し，遠方の火事の様相を呈することがある．ティベリウス・シーザーの時代にオスティアの部落が炎に包まれたように見えたので，歩兵の数隊が救援にかけつけた．そのときはほとんどひと晩中空が燃え，大火事のように煙を出してうす暗く輝いた．

　フランス中央気象局の名誉気象官，アルフレッド・アンゴー（Alfred Angot）はその著書『北極光』の中で，中世の赤いオーロラによって生じた恐怖の情況をつぎのように述べている．

　……占星術が人心をまどわし，オーロラは恐怖の源となっていた．すなわち，オーロラの中に血だらけの長槍，胴体から離れた生首や闘う軍隊の姿がはっきり見えた．それを目撃した人びとは，コニールヤス・ジェマの記すところによれば，気を失ったり狂ったりした．これらの恐しい現象は，明らかに神の激怒の表われであるとして，それを避けるために巡礼隊が組織された．『ヘンリー 3 世年代記』によれば，1583 年 9 月に老若男女 八，九百人がその領主とともに行列をつくってパリにやってきた．かれらは悔悛者または巡礼の服装でラフェルティ・ゴーシェ近くのダ・ジェモーおよびユスィ・アン・ブリーの村々から，「パリの大教会で祈りをささげ，供物をするためにきたのであった．このしょく罪の旅に出たのは，アルデン地域あたりまで見えた天の兆候と空の火事に刺激されたためである，とかれらは言った．この地域からはこのような悔悛者の最初の一団がランス聖堂とリースへやってきていたのであるが，その数は 1 万から 1 万 2 千に達した．この巡礼団に続いて数日後さらに五つの団体が同じ目的のために到着した」と，この年代記の作者は付記している．

Alfred Angot: *The Aurora Borealis*（『北極光』），
New York, D. Appleton, 1897, pp.6-7.

　オーロラを空中に現れたろうそくの林として描いた中世の絵画は，めずらしいといわねばならない（p.18参照）．しかし，このようなロマンティックな見方は，もちろん一般的なものではなかったにちがいない．

　日本におけるオーロラの記録を見ると，『日本書紀』の天武天皇十年八月十一日（682 年 9 月18日）に「甲子に，高麗の客に筑紫に饗たまふ．是の夕の昏時に，大星，東より西に渡る．丙寅（五日）に，造法令殿の内に大きなる虹有り．壬申（十一日）に，物有りて，形，灌頂幡の如くして，火の色あり．空に浮びて北に流る．国毎に皆見ゆ．或いは曰はく，『越海に入りぬ』といふ」と書かれている（岩波書店版・日本古典文学大系 68 下, 1965）．そのほか西暦1000年以前は，『日本気象史料』によると多くの

月明の夜にかがやくオーロラとカリブーの角 (M. Grassi).

報告があるが確認は困難である．西暦1000年以後は，ヨーロッパでも同日のオーロラの報告などがあり，確認可能なものが多い．ここでそのいくつかを紹介しておこう．

① 享保十四年十二月二十八日 (1730年2月15日)
　　加賀國　紅氣
　可觀小說　夜　西北より東北まで橫に紅氣現ず　其色常の火色には非ず　焦色にして初更には薄く　半夜には濃く　五更に及で漸く滅す（中略）　金澤よりは能州に當るが故に大火ありと想ふ　然共東北の隅甚長く且紅色の中に星耀けるが故に火災に非ざることを知る（中略）　正月四日に能州の百姓を算用場へ召て問之　答曰　口郡より望見に奥郡の火事と見たり　因て奥郡の人に問へば答て曰　猶海を隔て北に當て見たりと云　氷見海邊の老人云海火事とて古來も有之たる事と云

② 天明六年二月二日 (1786年3月1日)
　　名古屋　赤天
　本邦極光史料〔年號記○名古屋〕
　　　二日夜　北の方一面赤く成候跡有

③ 安政六年八月六日 (1859年9月2日)
　　紀伊國　赤氣
　本邦極光史料〔校定年代記○紀伊新宮〕
　　　六日夜六ツ時より夜半に及び　北方火災の如く紅し　明和七年七月廿八日赤氣北方に現はれしことあり　それより九十年目になる

④ 明治四年十二月二十六日 (1872年2月4日)
　　島根縣　極光
　濱田町史　夜　北方火の如し　北の方海上より天に向つて火柱が立つたと實見者の言　夜毎にうすれ又は少し位づつ場所變りいつともなく無くなった極光といふものであらうか
　本邦極光史料〔巨智部忠承　明五石見の震災〕
　　　十二月二十六日〔下に二十八日とあり〕の夜北方の赤きこと火の如く云々〔藤井宗雄老人の筆記摘要〕
　　　明治四年十二月二十八日の夜宿直にて役所に在リ　午前二時とも覺しき頃火事ありと喚ふ者あリ　起て四方を見るに正に東に方リて一天赫々として恰も遠方の火事の樣に看受けたリ　漸く朝暾のかゞやくに隨て消え失せり〔增田齡造談〕

赤いオーロラは自然がわれわれに見せてくれる最大の壮観のひとつである．1958年2月11日フェアバンクスで撮影したものであるが，このオーロラは48°の低緯度地域やカナダでも見ることができた．ローマ帝国の時代からこのタイプのオーロラはしばしば大火事とまちがえられてきた．1958年でさえ，赤いオーロラのため消防車が出動したという記録がある（V. P. Hessler）．

（前頁）　アラスカの原始林を前景にしたオーロラ．100km以上の超高層での現象であるが，林の裏からたちのぼっているように見えるのは，遠近効果のためである
(M. Lockwood).

インディアンの諸部族の伝説でオーロラは異彩を放っていた（アラスカ大学地球物理研究所）．

パリ上空に現れた反物状オーロラの線画. 19世紀のもの
(A. Angot: The Aurora Borealis〈北極光〉, 1897).

中世のオーロラについての珍しい想像画（ボヘミア，1570年）．ヨーロッパの住民にとって，オーロラの出現に対して恐怖心を抱くのは，ごく普通のことであった（スコットランド天文台長）．

『信濃毎日新聞』のオーロラの写真．長野県で写された珍しいオーロラの写真．1958年（昭和33年）2月11日，午後9時50分から10時10分に撮影されたもので，そのとき，極地は強烈な赤いオーロラでおおわれた（信濃毎日新聞社）．

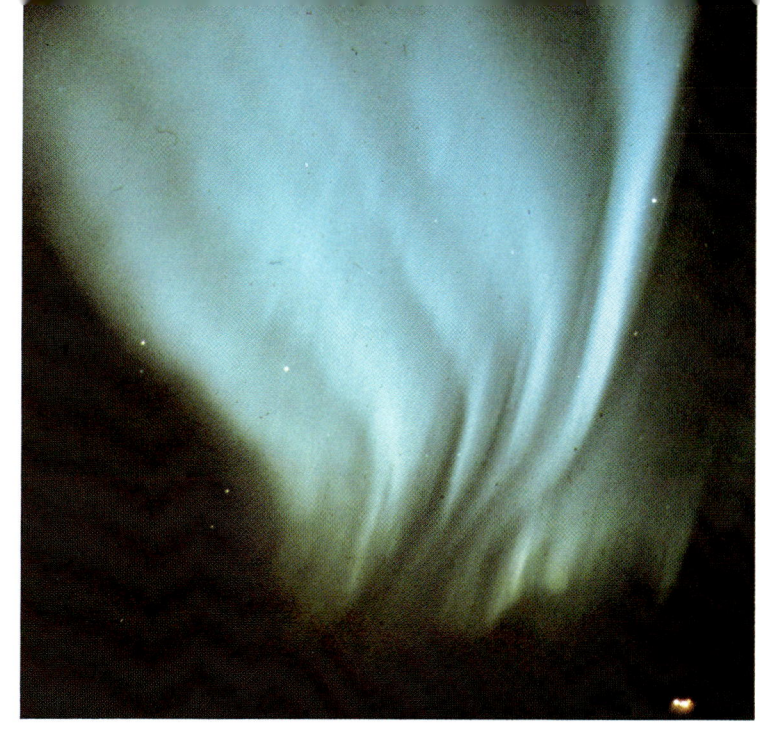

オーロラ・カーテンはしばしば幾重にもなって現れる．この写真では少なくとも5枚のカーテンが見える（大竹武）．

緑白色のオーロラ・カーテンが冷たくアラスカの荒野を照らしている（赤祖父俊一）．

（前頁）アラスカ州，アークテック・ヴィレッジの質素な教会の上に舞うオーロラ（W. Valentine）．

(上) ループ状に変形したオーロラ・カーテン.ナンセンのフラム号の上のオーロラと比較するとおもしろい（アラスカ大学地球物理研究所）.

(下) ラブラドル・エスキモーたちは，オーロラは火であり，その火は新しい死者が現世と来世の境界にある深い亀裂を渡るときに，案内役をする精霊がもったいまつと考えた（アラスカ大学地球物理研究所）.

(上) アラスカの原始林の上にかがやくオーロラ (M. Lockwood).

(下) 1958年2月の赤いオーロラを地上の雪が反射している．カナダで撮影 (E.E. Budzinski).

# 2 オーロラと極地探険家たち

ノルウェー人 F. ナンセンは，今世紀初めに活躍した探険家，科学者兼政治家でもあった．うしろの壁には，かれの妻と子どもを描いた画がかかっている (F. Nansen: *Farthest North* 〈極北〉, 1897).

バスコ・ダ・ガマ (Vasco da Gama) やマゼラン (F.Magellan) などによる探険大航海の後は，極地だけが探険家，冒険家，旅行家に残されたフロンティアとなった．かれらはオーロラの美しさに驚嘆した．かれらのオーロラとの出会いは，回想録・物語・航海日誌の中に多く描かれている．そのなかには，F. ナンセン (Fridtjof Nansen), A. E. ノルデンショルド (Adolf E.Nordenskiold), W. E. パリー卿 (Sir William E. Parry), J. フランクリン卿 (Sir John Franklin), E.K. ケイン (Elisha Kent Kane), A.W. グリーリー (Adolphus W. Greely), R. アムンセン (Roald Amundsen), R.F. スコット (Robert F.Scott), キャプテン・クック (James Cook) がいる．

ナンセンは多芸であった．すぐれた画家でもあったかれは，自らの著書の多くを自作の木版画と絵画で飾っている．本書 6 ページの木版画にはすばらしいオーロラとフラム号が描かれている．この船は極地の群氷の恐ろしい圧力に耐えられるよう，自ら設計したものである．越冬探険のナンセンの姿を，同行者のひとり J. デンツェル (Justin F. Denzel) がつぎのように語っている．

夜半過ぎ，しばらくしてナンセンは，ひとりしずかに氷の上でそぞろ歩きをしようと思って，(船内の) 集会から離れた．美しい晴れた夜で，オーロラの華麗な吹き流しが空にひろがって動いていた．散歩の途中向きを変えて振り返ると，フラム号の黒いマストと索具が，淡い黄に燃える空を背景にシルエットを描いているのが見えた．その後方には，光の絹の垂れ幕がピンクと緑の濃淡入り交った紫色に輝く巨大な脈打つ光線の束となって，空に淡い光を放っていた．あたりの空気までが輝く玉虫色をおびてパチパチ音をたて，周囲の風景に無気味な照り輝きをそえていた．1時間近くもナンセンは，この華麗な景観に魅せられて立っていた．冷え冷えした静けさの中で，かれは仲間とこの広漠として凍った荒野ですでに過した長い数ヵ月を思い，またこれから先，さらにどれほど多くの月日をここで過さねばならぬことかと考えた．かれはまたノルウェーとわが家に思いをはせた．海岸で自分の帰りを待つ幼いリブとイーバの姿を眼前に思い浮かべたとたん，一瞬悔恨の激痛に胸を刺された．再び子どもたちに会えるのはいつのことであろうか．……ナンセンは両肩をちょっとすくめ，この思いを心の外へ押し出してフラム号の方向へ足を向けた．そこには陽気にさわぐ仲間と暖められた快適な部屋が待っていた．

Justin F.Denzel: *Adventure North, The Story of Fridtjof Nansen* (『冒険の北国――フリチョーフ・ナンセン伝』). London, Abelard-Schuman, 1968, p.131.

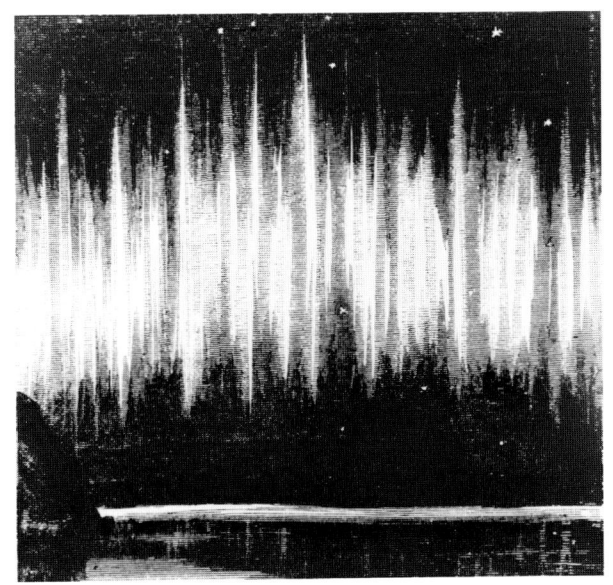

J. フランクリン捜索の遠征中に北部カナダでC.F. ホールがスケッチした射線構造をもったオーロラ・カーテン (C.F. Hall: Life with the Esquimaux; A Narrative of Arctic Experience in Search of Sir John Franklin's Expeditions〈エスキモーと暮して:J. フランクリン卿探検隊捜索のための北極遠征記〉, 1864).

極地の探険家，冒険家，旅行者の著作には，しばしばオーロラについての興味深い描写がある (E.B. Darling: Up in Alaska〈アラスカに来て〉, 1912).

ナンセンが北極へ到達を試みたあと，フラム号は南極点到達をきそうベテランのR. アムンセンを乗せ1911年南極に航行し，アムンセンは南極への一番乗りの栄冠を得た．この小さなフラム号はかくして世界最北，最南の両方に到達のレコードをうちたてた．

極地への探険家たちはオーロラに出会って，たいていは激しい畏敬の念にうたれた．ホールの言葉についてはすでに述べたとおりである．19世紀の冒険家・著述家のE. エリス(Edward Ellis)もまたつぎのように感嘆した．「神はいないと言った人や，オーロラに現れる無限の力を見ながら魂の奥底まで感動しない人間は，哀れというほかはない」と．

アムンセンとの南極到達をきそって敗れ，1912年ブリザード(雪嵐)の中で倒れたR. F. スコットは，かれの日誌の中で南極光をつぎのように描写する．

この木版画の中でナンセンは，三重のオーロラ・カーテンが舞う氷原をそぞろ歩きする自らの姿を描いている (F. Nansen: Nord I Takeheimen, 1911).

　ゆれ動くオーロラの光が東の空へ集まってきた．こんなに明るく美しい景観はわたしの経験では初めてである．光り輝き振動するアーチとカーテンが，空一面に昇っては広がった．それから徐々に消えていったが，また再び生き返って輝き始めた．

　前よりいっそう明るい光が流れるように見えた．それが今度は，あるひとつの方角にのたうつひだとなって集まった．そこからピカピカする吹流しとなって飛びあがった．またたちまち波状になり，なにかもっとほの暗い形の組織の中をくぐりぬけた，あらたな生命を吹き込むかのように．

美しいコロナ（光冠）型オーロラ（G. R. Cresswell）．

フランクリン探険隊の船，H.M.S. テラー号とH.M.S. エリバス号が北カナダのフリックス岬の沖で氷に閉ざされたところ．挿画は1860年発行『フランクリン探険記』に入っている．

（左）イギリス，南極探険悲劇のヒーロー，R.F. スコット海軍大佐 (L. Huxley : Scott's Last Expedition〈スコット最後の探険〉，1941).
（右）史上最も悲惨な極地探険の隊長 J. フランクリン．

　このような美しい現象を目撃すれば，必ずや畏敬の念が起こるものであるが，しかしそれはオーロラの光輝によるためでなく，むしろその光と色彩の絶妙な美しさ，澄んだ光，とりわけそのワナワナとふるえて瞬時に消える形状を見て起こる感情による．
　オーロラにはまばゆいギラギラした光輝がないことは，これまでしばしば記述されている．オーロラが人の心を強く動かすのは，むしろなにか純粋に霊的なもの，しずかな自信に満ちてしかも絶えず流動するものを暗示することによって，想像力を刺激するからである．
　人類がオーロラの現象を神とか魔王の示現として考えるであろうことは，きわめてありそうなことであるのに，歴史にはオーロラ崇拝者の記述がないのはなぜであろうか．オーロラに魅せられ凝視し黙して立ちつくす隊員の小さな群には，その場所を離れて自分たちの小屋にもどることが，神聖なものを冒瀆するかのように感じられたのであろう．

Leonard Huxley : Scott's Last Expedition, The Personal Journals of Captain R.F. Scott, R.N., C.V.O. on his Journey to the South Pole（『スコット最後の探険──R.F.スコット大佐，南極旅行の私記』）. London, J. Murray, 1941, p.257.

　ついでながら，現在南極点のアムンセン・スコット基地では，いくつかの科学的調査研究が行われている．オーロラ研究はその企画のひとつであり，オーロラ連続撮影が行われている．
　数しれぬ極地探険の中で，ヨーロッパからカナダ領極地の荒海を経由する近道「北西航路」の探険が有名であ

19世紀における最大規模の探索の結果，行方不明となったフランクリン探険隊の遺体のいく体かが，1859年F.マクリントック大佐の率いる捜索隊によって発見された．遭難14年後ついに謎は解かれたのであった．挿画は1874年刊の探険記に掲載されたもの．

る．この「北西航路」の探険家たちは，オーロラの美しさをヨーロッパの文明社会に伝えた．当時は，南アメリカ最南端を回って航行できるなら，アメリカの北部もまた航行可能なはずであるから，北西航路は必ずや発見できると信じられていた．この探険は，1576～8年バフィン島（フロビシャー湾）の南部を探険したM.フロビシャー卿(Sir Martin Frobisher)によって幕があけられ，そのあとに多くの著名な探険者が続いた．かれらの名はこの地域の島，海峡，湾の名称となって今日に残っている．デイビス，ハドソン，バフィン，パリーなどがそれである．

19世紀の中頃，イギリス海軍省は北西航路開発の度重なる失敗にいらだった．そこで士官および水兵あわせて129名をのせたイギリス軍艦テラー号とエリバス号とともにもっとも老練な極地探険家J.フランクリン卿を派遣することを決定し，この開発に決着をつけようとした．フランクリン卿の探険隊は1845年出航したが，極地探険の中でももっとも悲惨なものに終わってしまった．かれらの艦はマクリントック海峡に面する北極の大海原で氷に取り囲まれ，探険隊員は数ヵ月も続いた艱難と飢餓で果ててしまった．かれらの姿を目撃したあるエスキモーの老婆は，のちになって「あの人たちは歩きながらバタバタ倒れて死んでいった」と伝えた．

その後数年間もフランクリン探険隊の消息が皆目わからなかったので，ついに徹底的な捜索が開始されることとなった．また，フランクリン夫人も経費を調達して数次の捜索隊を派遣した．結局のところ，1859年F. L. マクリントック (Francis L. McClintock) 大佐とその捜索隊によってキング・ウイリアム島に積んであった小さなケルン(石積み塔)の中から1通の短い通信文が発見された．それにはつぎのように書かれてあった．

北極光の美しさに驚嘆した極地探検家は多い．このスケッチは典型的なオーロラ・カーテンを描いている（I. I. Hayes: *Recent Polar Voyages*〈最近の極地航海〉, 1861）．

1848年4月25日記す．

1846年9月12日来，氷海に閉され，4月22日これより北北西5リーグの地点において，イギリス軍艦テラー号およびエリバス号より退艦せり．F.R.M.クロージャ大佐指揮下の士官および水兵105名，ここ北緯69°37′42″，西経98°41′の地点に上陸す．J.フランクリン卿は1847年6月11日に逝去されたり．今日までの探険隊の死亡者数，士官9名，水兵15名なり．

エリバス艦長　J.フィツジェームズ

L.H.Neatby: *In Quest of the Northwest Passage*(『北西航路の探求』), New York, Thomas Y. Crowell Company, 1958, p.176.

　他の捜索は不成功に終わったわけであるが，それらの捜索活動について隊長たちが書いた回顧録は数多い．これらの探検隊員はカナダの荒地で越冬し，オーロラを目のあたりにしその美しさに驚嘆した．これらの回顧録などを通しても当時の文明社会にオーロラのすばらしさが広く知られるようになったのであるが，オーロラに対する関心はこの異例の大捜索によるところが多い．

　J.フランクリン卿その人もオーロラのすぐれた観察者であった．この不幸な探検に関するかれ自身の手記はついに発見されることなくて終わったが，かれは，これより先に行ったハドソン湾西岸から北極洋にいたる陸路探険について，2巻の分厚い報告書を遺している．その中でつぎのように述べている．

　理解しやすいように，オーロラをいくつかに分類して説明しよう．すなわち，わたしの名称では，射線，閃光，アーチの三者である．

　射線と名づけるものは円錐形で，平行して並び，その尖端は地上を指し，普通は磁針の方角を向いている．

　閃光はもっと大地に接近する散発状の射線をいう．形はよく似ているが，こちらははるかに大型である．それを閃光と呼ぶのは，突然に現れて，長く続くことはめったにないからである．オーロラが見え始めるときは虹のような形を成しており，光は微弱で射線の活動ははっきりは見えな

フィンランドの古い詩ではオーロラを「もえるうずまき」や「北極洋の火」として描いている（G. Lamprecht）.

い．そのときは地平線に接近している．オーロラが天頂に近づくにつれ射線に分解する．それが早くうねる動きを起こして突出し，花束状になる．しばらくして消えるが，またいくども繰り返して明るく輝く．しかし，本体は膨張あるいは収縮することはない．空のあちこちに多くの閃光が起こる．

Sir John Franklin : Narrative of a Journey to the Shores of the Polar Sea in the Years 1819, 1820, 1821, 1822（『北極海沿岸旅行記──1819, 1820, 1821, 1822年』）. London, J. Murray, 1823, p.542.

その後，つぎのふたりの極地探険家が，オーロラ出現の壮観は言語に絶することを指摘している．

北極光の出現しない夜はまれであった．オーロラは半世紀を超える研究によっても，出現の原因が満足に解明されない驚異の現象である．オーロラの変幻極まりない，けんらんたる様相を描写するのに言葉は役に立たない．どんな筆を用いても，オーロラの変わりやすい色彩，光輝，壮麗さは描けるものではない．

Lt. W.H.Hooper, R.N. : Ten Months Among the Tents of the Tuski, with Incidents of an Arctic Boat Expedition in Search of Sir John Franklin（『タスキのテント村で暮した10ヵ月と, J.フランクリン卿探索行の北極船探険のことども』）. London, J. Murray, 1853, pp.384-5.

1月21日のオーロラは言いようなくすばらしいものであった．その景観の美と壮観を伝えるのはどのような言葉を用いても不可能であろう．オーロラは間断なくアーチから吹き流しへ，吹き流しから布きれやひも様に変わり，それが再びアーチにもどった．それがしばらくは全天に広がった．オーロラの出現は約22時間も連続したが，その間一瞬たりとも精彩と偉観を欠くことはなかった．ひとときは三つの完全なアーチ形が現れて，南の空を横切って地平線から地平線へと橋を架けた．おそらくもっとも印象的かつ適切な比喩を用いるならば，オーロラとは，ぐるり取り巻いた大森林から発した大火を，真中の樹を切り払った空地にいて夜眺めるようなもの，ということになるであろうか．

A.W. Greely : Three Years of Arctic Service, an Account of the Lady Franklin Bay Expedition of 1881-84 and The Attainment of The Farthest North（『北極勤務の3年間──1881-1884年のレディ・フランクリン湾探険および極北到達の記録』）. New York, Charles Scribner's Son, 1894, pp.139-40.

北西航路はついにアムンセンが，1903〜5年東から西へと通り抜けたが，今日なお世界でもっとも困難かつ非

エスキモー達は,オーロラの輝く空の下で狩猟に出かける.

実用的な航路となっている.アメリカで建造され,砕氷機能を備えた最大のオイル・タンカー,マンハッタン号が1969年この航路を通過した.プルドー湾からアラスカの石油を輸送するのに,このルートを使用する可能性のテストであった.この巨船は非常な困難に遭遇し,辛うじて通り抜けはしたものの,この輸送計画は放棄された.

極地探険家にとって,オーロラはかれらの一生のうちのユニークなものであったらしい.この意味で,地質学者の探険家A.E.ノルデンショルドのつぎの文は興味深い.かれは1878～9年スウェーデンのゴセンバーグからシベリヤの海岸沿いに,横浜にいたる北東航路探険の最初の成功者であった.

> このすばらしく壮大な自然現象は,極北の冬の生活についての想像力ゆたかな記述の中で,けたはずれに大きな役割を演ずる.人びとの頭の中でオーロラは極地の氷と雪に密着しているので,北極探険記の読者たちは,越冬地で見たオーロラの記事がぬけていると,著者の大失策とみなす.

A.E. Nordenskiold : The Voyage of the Vega round Asia and Europe (『ベーガ号アジア,ヨーロッパ周航記』). London, Macmillan and Co., 1881, p.36.

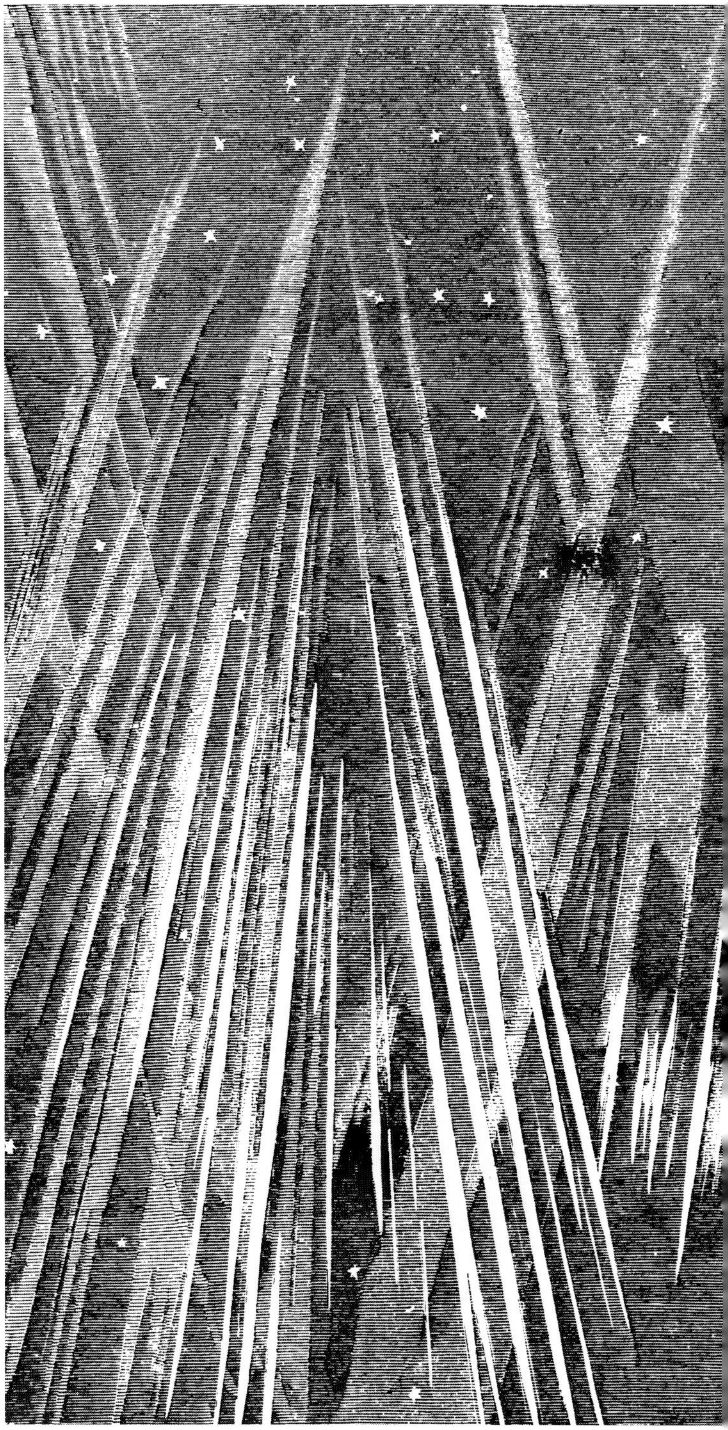

「天空はオーロラで燃えている」(C. F. Hall: Life with the Esqiumaux; A Narrative of Arctic Experience in Search of Sir John Franklin's Expeditions 〈エスキモーと暮して〉. 1864).

オーロラ・サブストームと呼ばれる激しい活動の間，オーロラが迅速に北方へ動くとき図のような光景が見られる（T. W. Knox: The Voyage of the Vivian〈ビビアン号の航海〉, 1884）．

　また，有名な探険航海者キャプテン・クックは太平洋へ3回の大航海を行ったが，南半球のオーロラ，すなわち南極光を目撃した最初のヨーロッパ人ということになっている．かれは1773年2月15日の航海誌でつぎのように述べている．

　　快晴で空は澄んでいた．夜半と午前3時の間に，天空に光が現れた．北半球ではオーロラ，北方のあけぼの，あるいは北極光と称するものに似ていた．しかし，これまで南極光（南方のあけぼの）の存在は聞いたことがなかった．当直士官の語るところによれば，それはときどきらせん状，あるいは円形となって輝いた．光はきわめて強烈でまた壮観であった．

　　　　J. Cook: A Voyage Towards the South Pole
　　　　and Round the World, Vol. 1（『南極航海
　　　　および世界周航記』第1巻）．London, W.
　　　　Strahan, T. Cadell, 1777, p.53．

　クック船長はサンドウィッチ諸島（ハワイ）からアラスカに向かうとき，太平洋で北極光を見たことは記しているが，アラスカ水域での記録がないのは不思議である．
　旅行者の記述の一例として，近代のマルコ・ポーロといわれるB. テイラー（Bayard Taylor; 1825～78）の著作のひとつから引用すれば，

　　だしぬけに，ブレィステッドが叫んだので，寝ているところを起こされた．かれのひざにもたれながら，眼をひらいて上方を見た．すると細い帯かスカーフの形をした銀色の火が，天頂めがけてまっすぐに伸びていくのが見えた．そのバラバラにほぐれた端のほうは，ゆるやかにあちこちと揺れながら天の斜面を降っていった．まもなくオーロラは揺れ動き始め，まるで自分の弾性を試すかのようにゆるやかに，あるいはすばやく跳ねて，あちこちに曲がってみせた．今度は弓状になり，ホーガースの画の美しい描線のようにうねり，屈折運動を行いながら，輝いたり，うすれたりした．ついには羊飼いがもっている曲り柄の杖の形になった．強風にあおられたかのように，その末端が突然はなれておちていった．ついには帯一本が燃える雪のいくつもの長い線に分かれてフワフワと飛び去った．それが再び集まって十数個の細片となって踊りまわり，交互に前進と後退を繰り返した．互いにぶつかり合い，交差し合い，こなたかなたへとひらめいた．それから黄あるいはバラ色に輝いたかと思うとまた色あせた．こんなぐあいに，なにかとりとめもなく気まぐれにあやつられるかのように，限りなく奇怪なふざけかたをしてみせるのであった．
　　われわれはこの驚くべき奇観に眼を見張り，あおむいたまま声も出なかった．すると突然，散らばっていた光体が

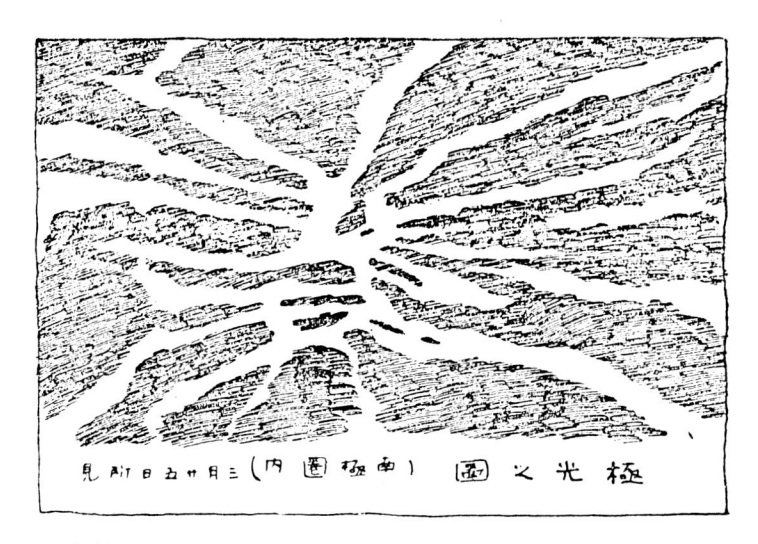

白瀬南極探検隊の記録中にあるオーロラのスケッチ.

等しく衝動にかられたように集合し，輝く先端をくっつけ，互いにくぐらせてより合わせた．それがまた1枚の広い輝く幕となり，虚空をまっ逆さまに落下し，ついにそのふさふさしたヘリがわれわれの頭上ほんの数ヤードに見えるところでゆれ動いた．この現象はあまりにも奇想天外で，わたしはその瞬間，顔がこのさん然たる垂れ幕の裾に触れそうに感じたほどだった．オーロラは大空の球状の曲線には沿わないで，天頂からざっと数百万マイルも大空を降下して垂直にぶら下った．そのひだは群星の間に重なり，焰の刺繡は大地をなでまわして雪の荒野の上に無気味な青白い光をあびせた．一瞬の後オーロラの垂れ幕は再び引き上げられて，分離した．そして前と同様に前進し後退しながらたいまつをうち振り，長槍状の光をかなたこなたへと発射した．こんな奇妙な，気まぐれの，すばらしい華麗なものは二度と見られるとは思えない．

B. Taylor : Prose Writings of Bayard Taylor, Northern Travel : Norway, Lapland &c. (『B. テイラー散文集，——ノルウェー，ラプランドなど北国旅行記』). New York, G. P. Putnam, 1864, pp. 63-4.

「行こか，もどろか，オーロラの下を……」と大正時代の人々を唄わせたオーロラは長く日本人にも未知へのあこがれの一つになっている．白瀬南極探検隊がオーロラを目撃して報告書にそのスケッチをのせている．これが，日本人としてオーロラ観測した最初の記録であろう．南極の昭和基地も日本人のオーロラへのあこがれ，自然への研究意欲を基礎としているし，またその結果，多くの研究成果があがっている．

もっとも，オーロラに対するこのようなあこがれは日本人にだけ限っているわけではない．オーロラについて話を聞いた人達の共通な感情のようである．北米でも北欧でもとくにそれを目撃した人達の語る熱心さからも，オーロラに対する興味の深さを察することができる．結局，オーロラの神秘性は人間が未知のものへのあこがれや探求心を抱く限り，その対象として存在するであろう．

一方，文明がこれほどまで進歩した現代でも，オーロラの血赤色は一般の人びとの知性を失わせるほどの神秘性をもっているようである．最近，北米に現れた赤いオーロラは時代の影響もあって，宇宙船の到来，ソ連からの大陸間弾道弾などと，人びとに深刻な恐怖をひきおこしたようである．

この19世紀の版画に現れたオーロラの形状は，はなはだゆがんで抽象画のように見える．この変わった形はコロナと呼ばれ，オーロラのカーテンの天頂にかかるときに見られるもの(S. Tromholt : *Under the Rays of the Aurora Borealis*〈北極光下に〉，1885)．

この写真で，上の版画がコロナの形を正確に描いていることがわかる（赤祖父俊一）．

# 3 オーロラと極地開拓者

アラスカの内陸上空に舞うオーロラ．初期の開拓者はオーロラを「広大な色彩の壁」や「ふりそそぐかがやきの流れ」や「アラスカのかがやき」などさまざまに形容している（赤祖父俊一）．

　極地探険家の偉業のあと，開拓者，商人，鉱山師などがこの新天地にむらがったのはむりからぬことである．かれらの中には，ひともうけをたくらむ連中，とくに黄金と毛皮を求める者がいた．また，ひと冒険を試みて心機一転し，荒野の中に平和な暮しをうちたてようとの夢をいだいて新生活を始めようとする人びともいた．これら初期の開拓者が書き残したオーロラに関する記事は多い．かれらにとっては，まったく理解を超えた自然現象であったが，手記や書簡にしばしばオーロラについて書かれているのは興味深い．詩もつくっている．おそらくは北国の冬の長い闇の中で，カンテラかろうそくの灯をたよりにしたためたものであろう．極寒のためにほんの短時間しか暖かい小屋から外へは出られないが，そのとき見た天界の不思議に驚嘆して書いたものであろう．そしてそれぞれの立場から，すなわち，北極に住む目的に応じて，オーロラを眺めている．F.ウインパー（Frederick Whymper）はつぎのように記している．

　その夜わたしたちが床に入ろうとしたとき，すばらしいオーロラが北西の空に現れたとの知らせが伝えられた．一同外へとび出し，とりでの中のもっとも高い建物の屋根にのぼって見た．オーロラは普通に見るアーチ形とはちがって優美な，のたうち動いて止まない電光の「蛇」であった．青白い虹のような消えやすい色彩が，その蛇の中をときどきかすめて通った．また長い吹き流しや閃光が明るく輝く星群のところまでのぼった．その星の光は蛇のぼんやりした，軽やかなからだの中をつきぬけて冴えわたった．美しい静夜で，空には雲がなく，寒くはあったが，極寒というほどではなく，温度計は+16°Fを示していた．

　　　F. Whymper : *Travel and Adventure in the Territory of Alaska*（『アラスカ地方冒険旅行記』）London, J. Murray, 1868, p.178.

　金鉱夫の中には，オーロラをかくされた鉱山から出る金の蒸気と，考えるものがいた．R.サービス（Robert Service）はその詩「北極光のうた」の中でこの見解をからかっている．

　オーロラというもんは，北極のお，雪と氷のギラ
　　ギラだってさあ．
　電気だってさあ．どいつもこいつも，
　　わかっちゃいねえ．
　ええかな，うそというなら，
　　おうしにされても，かまいやしない．
　オーロラはなあ，かねのやまだよ，ラジュームとい
　　う，すごいお宝のやまなんだぜ．

初期の移民の中には，カーテン状のオーロラを，優美な電光の蛇と想像した人びとがある（F. Whymper: *Travel and Adventure in the Territory of Alaska*〈アラスカ地方冒険旅行記〉, 1868）．

カーテン状のオーロラが数百キロ北で観察されるとき，アーチ形に見える．遠近効果のため，東西の両端は地平線からたちあがるように見える．それがこのナンセン作の木版画でよくわかる．もうひとつのよい例はp.6の図である．

　1ポンド100万ドルだってことよ．それがさあ，
　　幾トンも幾トンも見えやがる．
　黄金色なす川になって，しずかな夜に，きらめきが
　　見えるじゃねえか．
　やまだよ，みんな山だよ．のう，100ドル
　　出さないか．そうしたら
　一生に一度いいゆめみさせてやるぜ．
　　おめいに　わけるよ，四半分．

R. Service : *Collected Poems of Robert Service*
（『ロバート・サービス詩集』）, New York,
Dodd, Mead and Company, 1940, p.89.

　金鉱探しのスタンリー・スカース（Stanley Scearce）は，かれの旅行を回想して，つぎのように述べている．

　その夜，たき火をかこみながら，チャーリーはかれのふるさとのこと，仲間たちが商売にドーソンへもってきた肉と毛皮のことを話してくれた．はるかかなた北の地平線では，オーロラがあざやかで色とりどりな明滅を繰り返していた．
　「チャーリー，どうしたらオーロラの御利益を受けられるかね？」
　「オーロラさまに話しかけてみるこんだ．あんたが大商人になれるよう助けてくださるだよ」
　「チャーリー，どうやって？　わたしは黄金がほしいのだ」
　「黄金さ手に入れるのにいっちええのは店をもつこんだ．黄金ってやつは，みんな店の主人のところに集まるもんだ．白人が黄金を掘る．それを他人に見せると，やつらはトランプさせてそれをまきあげる．けっきょく店の主人がその黄金をとってしまうってわけでさあ」
　「チャーリー，店もちになりたいもんだね」
　わたしは，この賢い老酋長が力をかしてくれそうな気がした．そこでたずねた，
　「きみの白大明神は，わたしでも助けてくれるのだろうか？」
　「いつだって助けてくださるだよ．じっくりじっくり相談してみなさるがいい．オーロラさまは教えてくださるだよ」

Stanley Scearce : *Northern Lights to Fields of
Gold*（『黄金の荒野に北極光』）, Caldwell,
Idaho, The Caxton Printers, Ltd., 1939, p.98

　アラスカおよびユーコン地方の開拓者と金鉱掘りが，その心情を述べた詩の例として，もうひとつF.B.キャンプ（Frank B. Camp）の著作『アラスカ天然金塊』の中にあるものを掲げる．

　わしはアラスカ越冬(サワドゥ)の金鉱探しさ，
　　ゆずりあいの仁義は心得てる．

アラスカの開拓者たちは、冷蔵庫のかわりに高いところにキャッシと呼ばれる小さな丸太小屋を作り、食糧を貯えた（動物にとられないようにするために）(G. Lamprecht).

ドーソン，ノーム，またイディタロッドへと渡り歩き，
　賭金しこたまかっさらい，
犬ぞりでアラスカからもち出した，
　砂金袋もいっさいがっさい．
そいつを商売につぎこんだが，
　締めつけくらって息の根も止まりそう．
今日も高層ビルの事務室で，
　煙やもやに悩まされ，椅子にかけて仕事してると，
眼がへんてこになっちまい，
あちこちグルグル見廻すうちに，
　ついにまた見た，あの驚異の輝く光を．
アラスカの光輝が見えたんだ．その輝きにてらされた
　　　　　　　　　　　　　　　　　なつかしい景色を．
屋根のあたりのもやがはれて明るくなると，
　現れ出たのは広野の小道，今頃は跡形もあるまいが．

高い山々も見えてきた．
　河の中の砂州，そこではみんなが両手で鍋をもち，
　　　　　　　　　　　　死ぬまで金をさがしつづけるのだ．
さて見えてきたのは沼沢と森林，
　そこに住むでっかいムースと熊も．
高い山の峰には雷鳥がねぐらをつくり，
　黒狐が巣を構えてる．
冬の夜，冷たく北風が吹きすさぶところ，
　雪が輝き，
　　無数の灯をともして輝く
　　　オーロラが描き出された．

　　　F.B. Camp : *Alaska Nuggets*(『アラスカの天然金塊』), Anchorage, Alaska, Alaska Publishing Co., 1922, p.19.

フェアバンクス近くの上空で舞う活発なカーテン状オーロラは，線の群れに分かれ，冷えた夜空を間断なく踊りながら交差するように見える（G. Lamprecht）．

# 4 オーロラの神秘にいどむ科学者たち

北極の日没時に，全天カメラの最終点検が行われている（アラスカ大学地球物理研究所）．

　科学のどの分野とも同様に，オーロラ研究の歴史は長い．その歴史をひもときながらそれがどのように研究されてきたかを調べることにより，オーロラの重要な特性を知るのもひとつの方法であろう．

　まず，P. ガッセンディ (Pierre Gassendi) は現代用語として初めて「オーロラ」を科学用語にした人ということになっている．17世紀の科学者・数学者・哲学者であったガッセンディは，大天文学者ケプラー (J. Kepler) が予言した，惑星の太陽面の通過，すなわち1631年の水星の太陽面通過を最初に観察した人でもあった．オーロラはローマ神話に出てくる「バラ色の指をもつ暁の女神—太陽が昇るときの先駆者」に由来する．「オーロラ」という言葉が科学用語として使用された理由は，本書冒頭のラマノーソフの詩から容易に想像できる．

　初期のオーロラ研究で多くの注意を喚起した問題は，オーロラの高度を測定する方法であった．これについてしばしば激論が闘わされた．報告結果は地表から 1,000 kmの高さまでというまちまちのものであった．発表された多数の論文の中には，オーロラは2軒の家屋の間から

オーロラの名称を初めて使用したといわれる P. ガッセンディ (Pierre Gassendi)．

著名な科学者ジョン・ドルトン (John Dalton) はオーロラに魅せられ，その研究に生涯の多大な時間を費やした（スコットランド学士院）．

出る，あるいは数千ヤード上空に出る，あるいは山頂近くに現れる，などさまざまなものであった．『エンサイクロペディア・ブリタニカ』(1882年第9版，1910年第11版) さえもそのような報告書を信頼性あるものとして引用している．したがって，専門家はオーロラの原因を雲が発生する地球の下層大気中に，すなわち今日ジェット機が飛ぶ高度よりも下方に探った．あとでわかるようにこれらの報告の誤りは，遠近効果を考慮しないために生じた

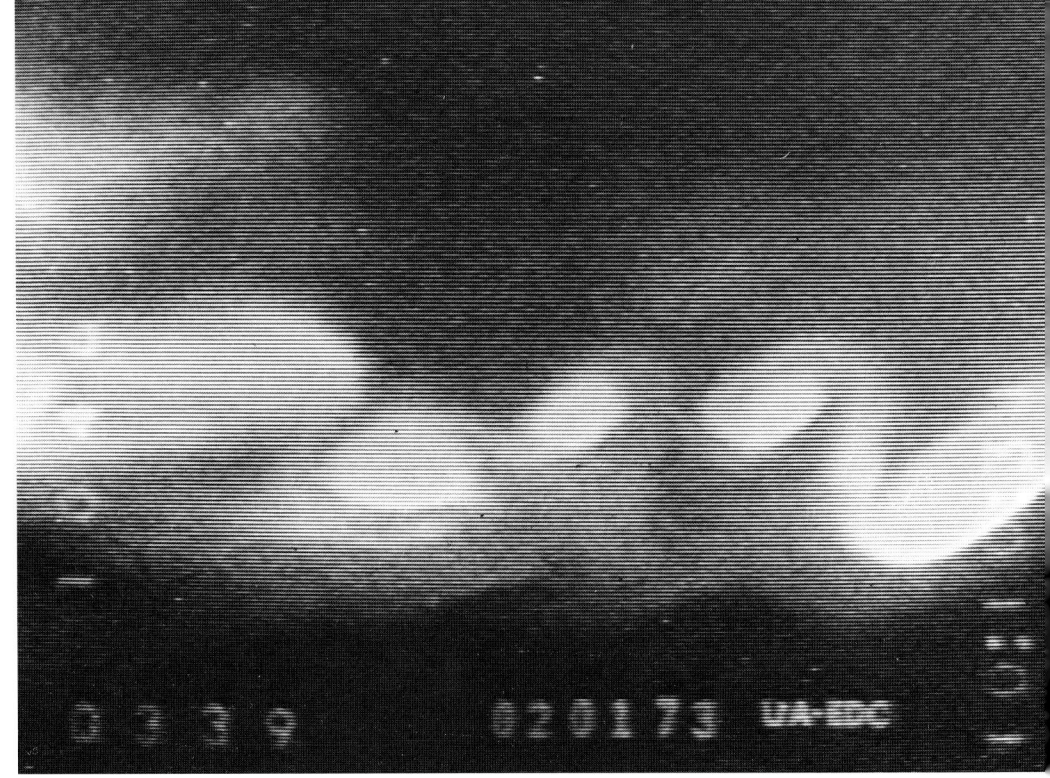

超高度高速テレビ装置によって撮影されたオーロラ・カーテンの裾（毎秒約30コマ）．渦状構造の直径は数Kmである．オーロラ・カーテンを遠方から観察すると、この渦状構造は「射線構造」として見られる．活発なオーロラの中を通過したソ連の宇宙飛行士は、ちょうど「壮大な光の柱」の間をくぐりぬけるような感じであったと述べている（アラスカ大学地球物理研究所，T.N. Davis and T.J. Hallinan）．

のであった．

　オーロラは雲よりもかなり上方に現れる現象であると初めて断定したのは，フランス人ダ・メラン（de Mairan）で，かれは1754年これに関する最初の専門書を著した．その中でかれは，オーロラは地球外の物質が上層大気に衝突して起こるとまで推断している．

　イギリスの有名な科学者，H.キャベンディシュ（1731〜1810）とJ.ドルトン（1766〜1844）の両者は，オーロラの高度を80〜250kmとかなり正確に測定した．一方、デンマークの探険家A.パウルセン（Adam Paulsen）は600mから67kmと報告している．ノルウェーの物理学者C.ステルマー（Carl Stormer；1874〜1957）は，二つの遠く離れた地点からオーロラの写真を同時撮影し，三角測量の方法を用いてもっとも大規模な測定を行った．それによると，オーロラの下端の高さは普通100〜105kmでジェット機やもっとも高い雲の約10倍の高度である．またオーロラ上端の高さは，数百kmから1,000kmまでかなりの変化があるとのことであった．

　極地に起こるオーロラの基本的な形は，カーテンあるいは帯状である．このカーテンは垂直にたれさがらずわずか南へ傾斜している（この傾斜については次章で説明する）．カーテンがもっとも静かなときには，表面の輝度は水平方向にかなり一様である．オーロラがわずか活動性を増すとカーテンにひだが生じ，垂直に近いしま模様、すなわち「射線構造」ができる．オーロラの活動が激しくなるにつれて，このひだが多くなり，ひだの複雑さと広がりが大きくなる．ひだは，オーロラのカーテンが観察者よりわずか南の位置にあるときに、すなわち，カーテンの裾だけが見えるとき，もっともよく見られる．ひだはまた，渦に似た構造を展開する．これら渦の動きはしばしば非常に激しくまた速い．オーロラ・カーテンの北あるいは南側から見ると，その動きは「射線」の急速な水平運動に見える．運動は速すぎて普通の映写機ではほとんどとらえることができない．フィルムの感度が最近かなり改良されてきたが，なお不可能である．このような動きをとらえるには特殊テレビの技術が必要である．オーロラの活動性が高まるにつれ，ひだのスケールは増大し，大きな波形の構造に発達する．さらに活動が最高

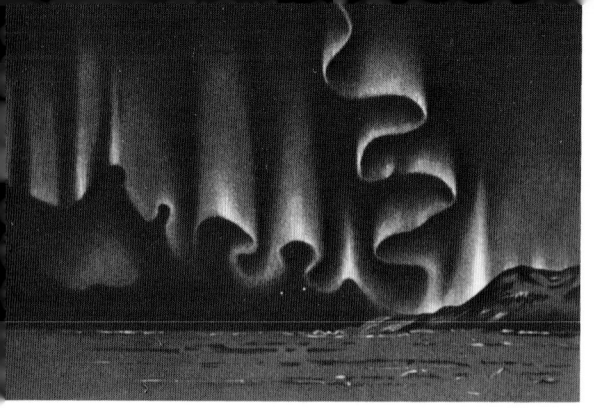

イギリス南極探険隊員のスケッチしたオーロラ．オーロラがカーテン状であることをよく示している（英国学士院）．

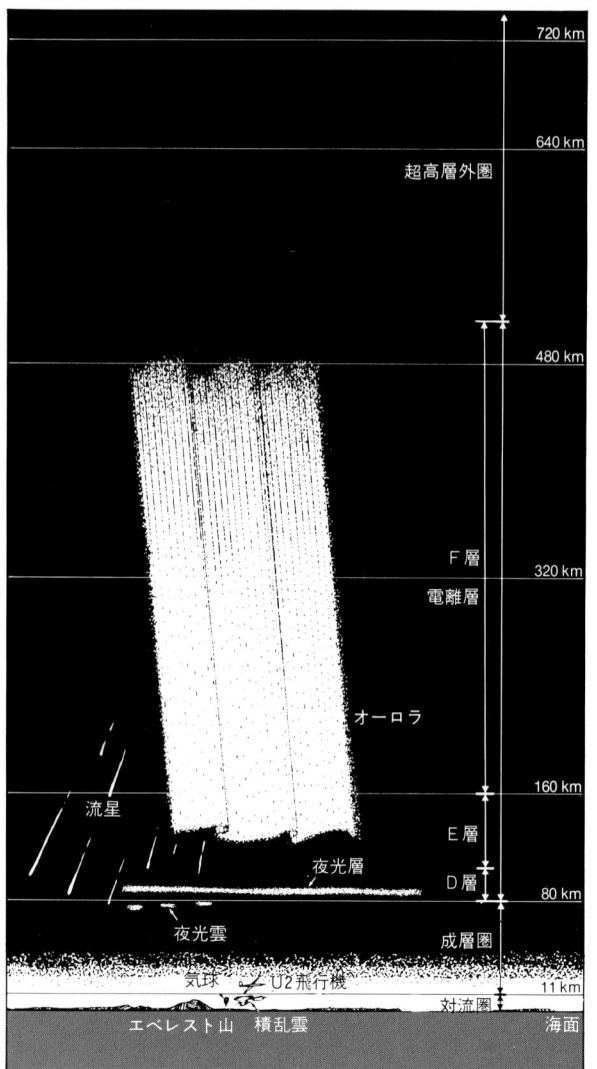

オーロラの高度．オーロラの高度を，エベレスト山（海抜8,848m），超高度に達しうる気球および航空機の高度と比較した図．

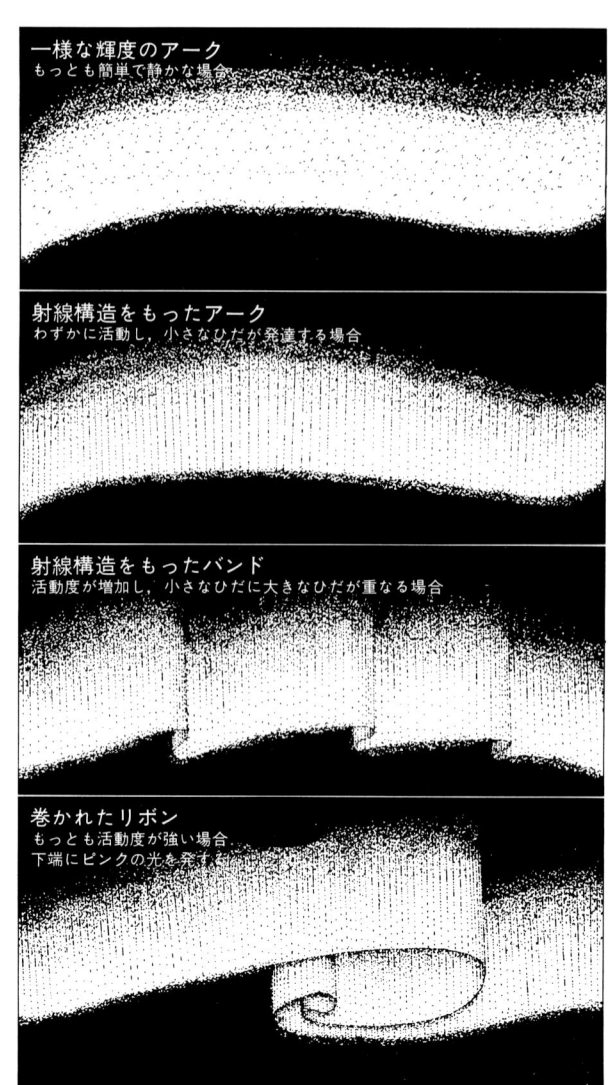

**一様な輝度のアーク**
もっとも簡単で静かな場合．

**射線構造をもったアーク**
わずかに活動し，小さなひだが発達する場合．

**射線構造をもったバンド**
活動度が増加し，小さなひだに大きなひだが重なる場合．

**巻かれたリボン**
もっとも活動度が強い場合．下端にピンクの光を発す．

オーロラの基本形．オーロラは基本的にはカーテン状であるが，活動が激しくなると種々のひだを生じる．ひだのスケールは活動度が増強するにしたがって増大する．

スケールの大きなひだのあるオーロラ・カーテン．フェアバンクスの人びとはクリスマスの頃に，しばしばこのようにすばらしいオーロラの出現を楽しむことができる（M. Grassi）．

潮に達すると，オーロラ・カーテンは直径100〜200Kmのスケールをもつ，複雑な巻きかたをした反物様のものになる．

　オーロラは極地の全領域を取り巻く，極まりなく巨大なスケールの現象であるが，寒い夜空の下である一点から眺められる範囲はそのごく一部分（約30分の1）にすぎない．したがって上空から極地の全体を見おろせる宇宙飛行士たちは，地上からのオーロラ観察者よりもはるかに有利なわけである．

　オーロラ・カーテンは地磁気の極点を取り巻いて現れるが（p.48のソ連宇宙飛行士のスケッチを参照），このように巨大なカーテン状のオーロラを数百km南方の位置から観察すると，アーチ状の光が北方の空を横ぎっているように見える．その東西の「末端」は観察者から約1,000kmの距離にある．このような遠距離が見えるのは，オーロラ・カーテンが約100kmの高度にあるからである．そのために遠近効果を生じ，東西の「末端」が地平線上で大地に接触しているかのように見える．ナンセン作木版

反物のように巻かれた活発なオーロラ・カーテン．

北極圏の超高層には，オーロラのほかにもうひとつおもしろい現象がある．それは，夜光雲と呼ばれるもので約80Kmの高さに現れ，日没後太陽光線を反射して絹のように美しい．多くの場合，波が伝播しているのが見える．オーロラが出ると夜光雲は消えるという報告がある（B. Fogle）．

画家のH.モルトカ（Harold Moltke）がフィンランドのユーツョーキで描いたオーロラの絵．オーロラの射線構造をよくとらえている（コペンハーゲン，気象研究所）．

活発なオーロラ・カーテンは，この写真に写っているように反物状の構造を呈することがある（赤祖父俊一）．

1950年代の初期，フェアバンクスのアラスカ大学構内で撮影されたオーロラ．左図では2個のオーロラ・カーテンがほとんど平行している．右図は反物状のカーテン（V. P. Hessler）．

画（p.37）にそれがよく現れている．

　オーロラのカーテン状が天頂近くに現れると，遠近効果はいっそう明確になる．この場合，オーロラはしばしば東あるいは西の地平線から煙のように立ち昇るのが見える．金鉱探しのなかには，オーロラを鉱山から立ち昇る黄金の蒸気にちがいないと信じたものがいたのは，これがためである．R.サービスは，この信仰をからかって詩にしたのであった．

　大スケールのひだのあるオーロラ・カーテン，特にそれが天頂近くできわめて活発な場合は，オーロラがカーテン状をしていることさえわかりにくくなり，非常に多くの射線が頭上よりわずか南に集中するかのように見える．すなわち，コロナ型に見えるのである．これは単に遠近効果によるものであって，同じオーロラを同時に数百kmだけ北か南の方から眺めると普通のカーテン状のオーロラとして見える．それ故，一般に信じられているのに反し，コロナは別種のオーロラではない．コロナと見えるのは，見る人がオーロラ・カーテンのほとんど真下

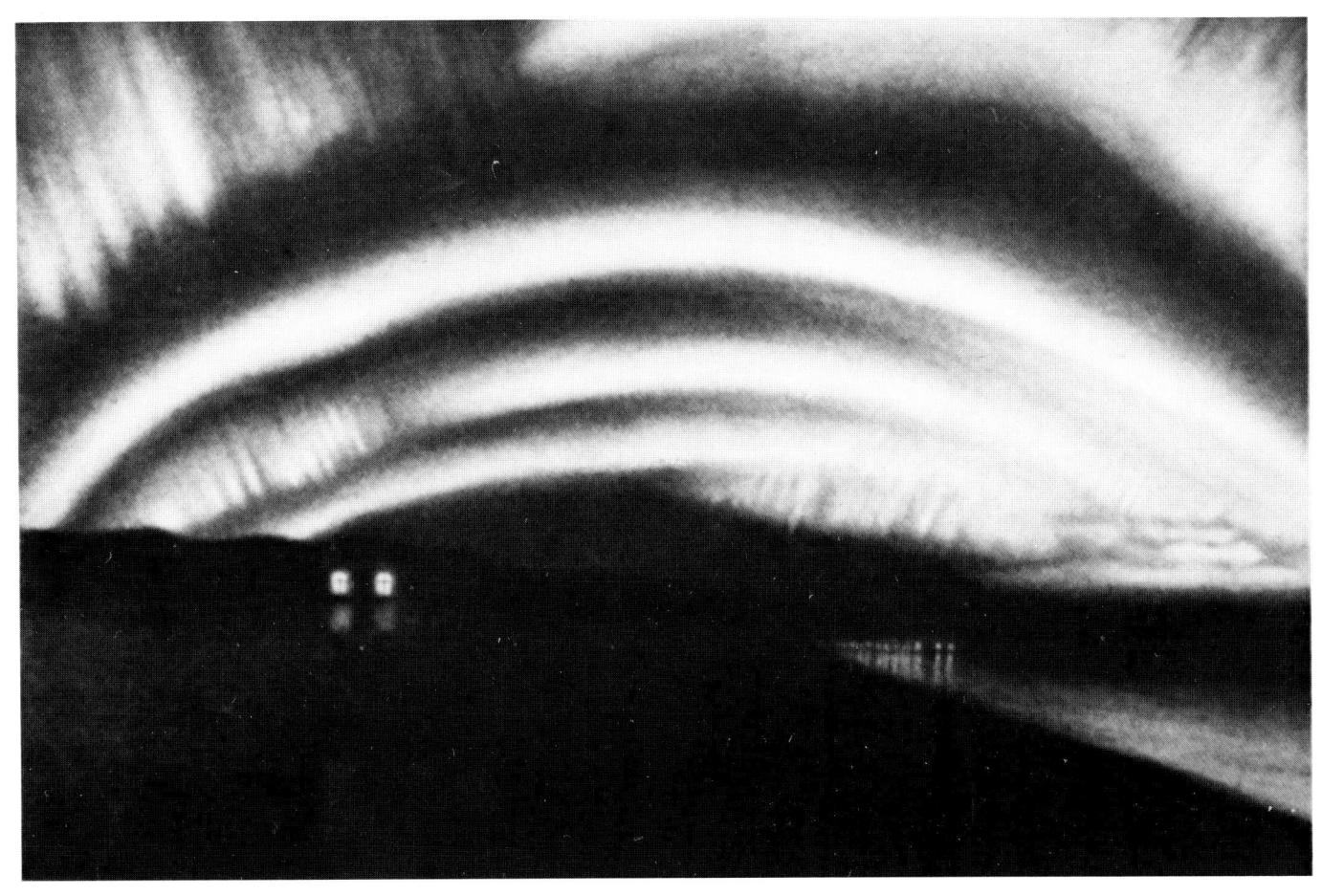

オーロラ・カーテンが北の地平線の近くに現れると，アーチのように見える（E. H. Petersen）．

にいる証拠でしかない．オーロラのコロナ型については，アメリカの北極探険家，C. F. ホール（1821〜71）が書いた興味深い記事がある．ホールは，フランクリン隊の最期が確認されたのち，この悲惨な探険隊員の中には，エスキモーの中に入って生き残っている者たちがいるにちがいないと考え，その捜索に出発した．

　　全天をおおってオーロラが輝いている．今見るオーロラは以前見たものとはまったくちがう．今やひらめく射線となって，全天にちらばるかと見えたが，またすべてが天頂に集まろうとしている．オーロラが1時間のうちに演出する場面の数は実に無限である．オーロラの今朝の変化はきわめて迅速かつ壮麗である．一方に眼を向けると，たちまち閃いては激発し，みごとな射線をまき散らし，こちらへ駆けてくると思えば，またかなたへ去り，まるで巨大な時計の振子のように左右に揺れる．こんどは別の方角へ眼を転ずる．そこでもまたものすごい早変わりが演じられている．一瞬眼を閉じてからまた開く．場面はすでに，先刻見たよりもさらに華麗なものに，変わっている．輝く空の姿を，刻一刻，時の移るままに眼で受け止めることができるなら，1時間に数千回も眺望は変化するにちがいない．

> C.F.Hall : *Arctic Researches and Life Among the Esquimaux : Narrative of an Expedition in Search of Sir John Franklin, in the Years 1860, 1861, and 1862*（『極地の調査およびエスキモーとの生活—1860, 1861, 1862年，ジョン・フランクリン卿捜索探険記』）．London, Sampson, Low, Son and Marston, 1864, p.151.

(左) 昔のスカイラブの図. 1804年8月24日, 2人の有名な物理学者, ゲイ・リューサックとビヨー (Gay-Lussac and Biot) は気球に乗り, 大気のサンプルを採集し, 地球の磁場を測る目的で, 約4,000 mの高度に達した. かごの中の鳥は万一酸素の欠乏を生じたとき危険を予知するために携行されたもの. 鳥は人間よりも早く希薄な空気に弱いと信じられていたからである (A. Lebeau).

(下) 1975年ソ連の宇宙飛行士スクバスティアノフ (Scvastyanov) がサリュート (Salyut) 4号から描いたスケッチ. 極地方をとりまくカーテン状形がたくみに描かれている (Optical Studies of Atmospheric Emissions, Aurora Borealis and Noctilucent Clouds Aboard the Orbital Scientific Station "Salyut 4"軌道上の科学ステーション, サリュート4号上における大気発光, 北極光, 夜光雲の研究), 1977).

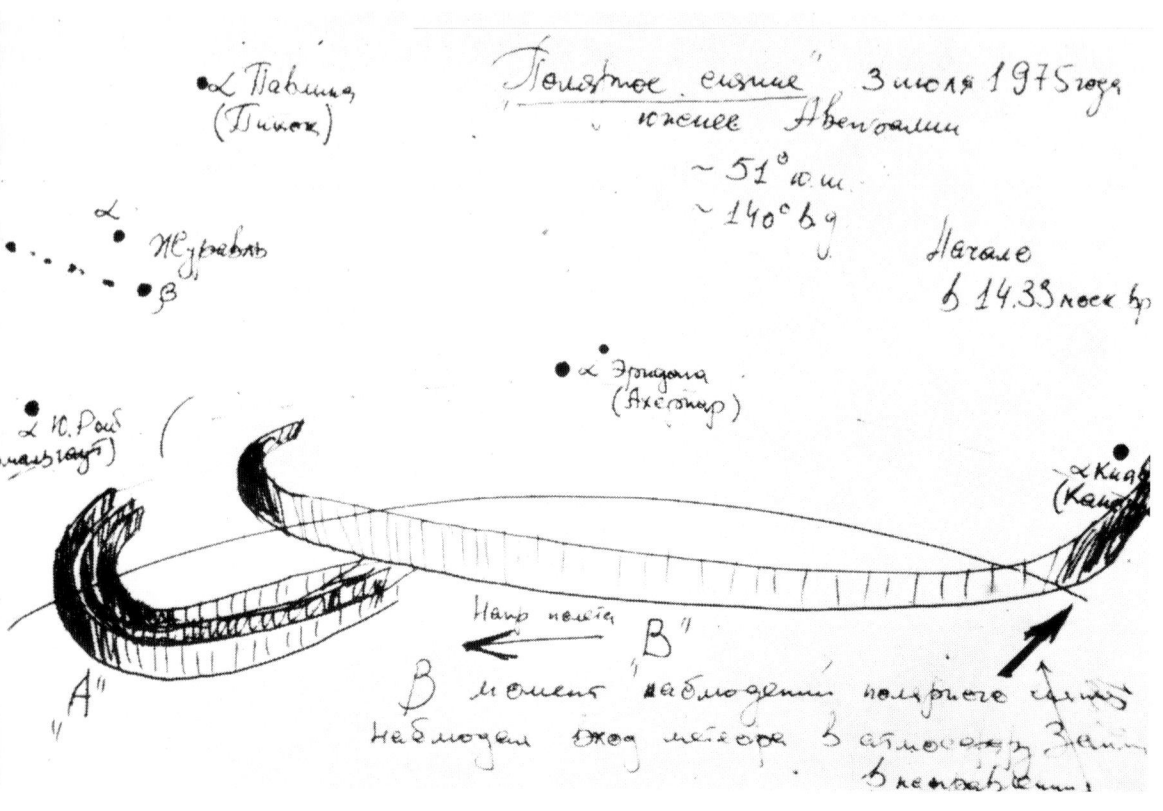

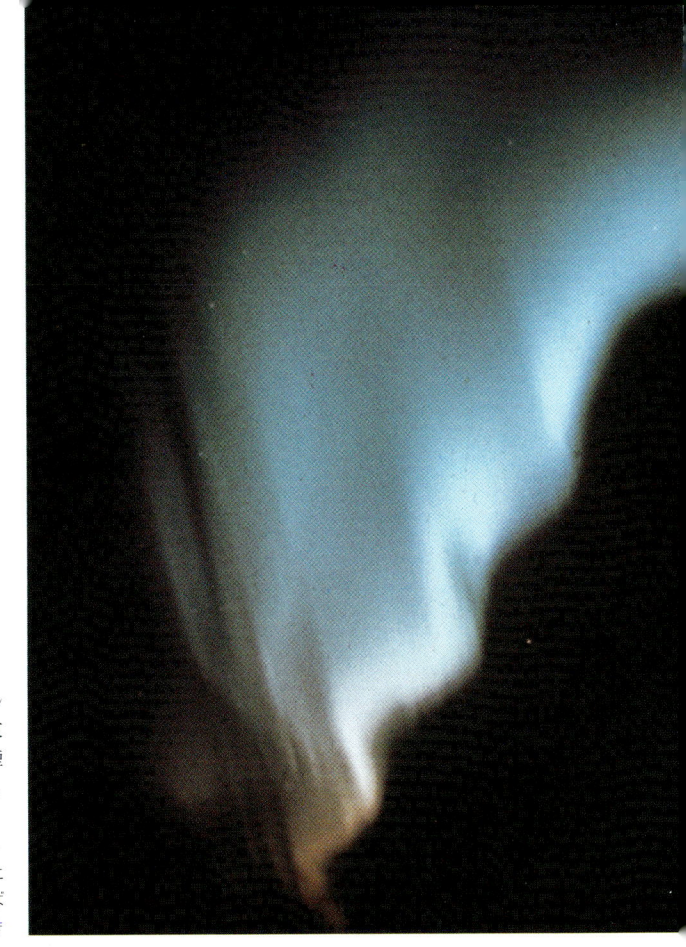

(右) 遠近効果のため，オーロラ・カーテンが観察者の近くにあるときは，カーテンの東あるいは西の末端は地平線で，地上からの煙のようにたちのぼるのが見える(G. Lamprecht).

(下) 宇宙飛行士のO.K.ギャリオット(O.K. Garriot)がスカイラブから南半球で撮影したオーロラ．地球の湾曲した縁と夜光層と呼ばれる約90kmのところにある夜光の層もはっきり見える．

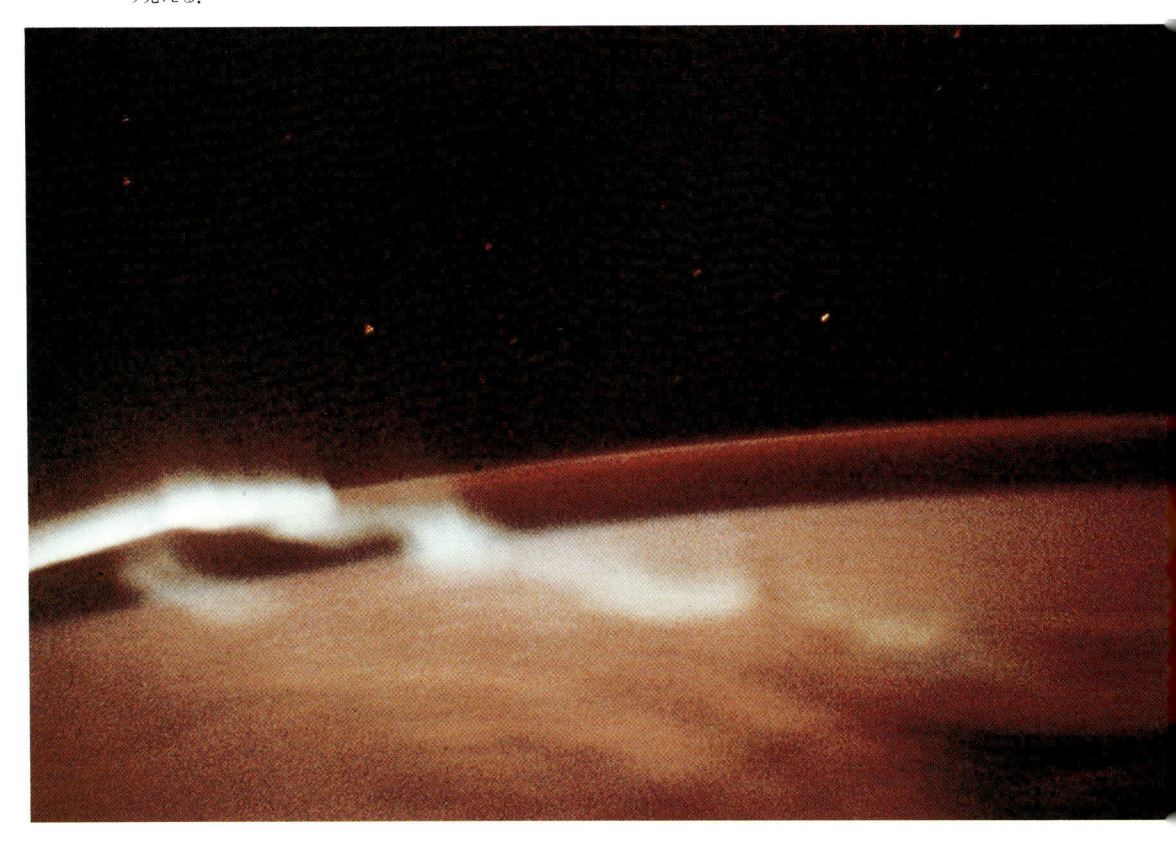

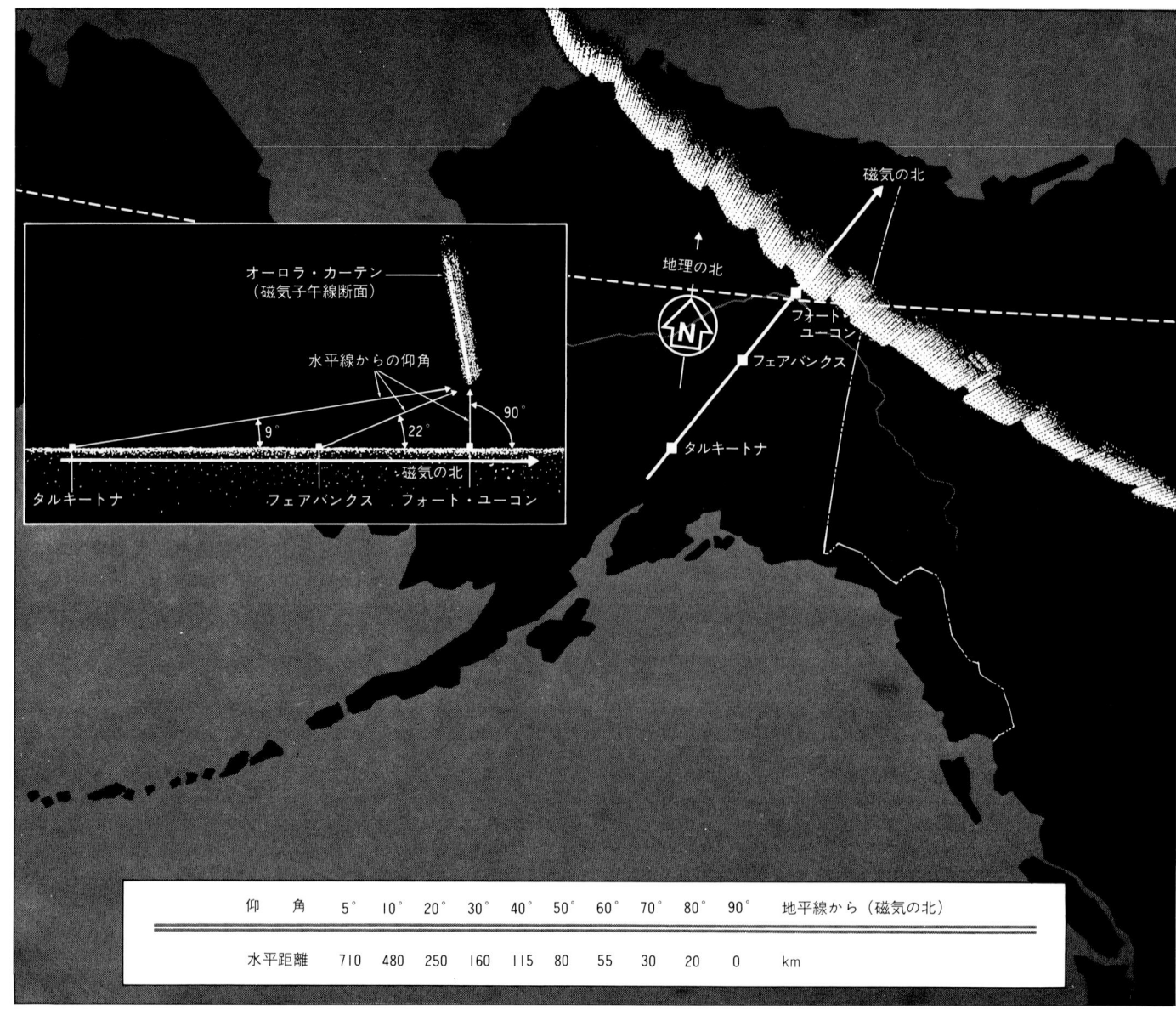

| 仰　角 | 5° | 10° | 20° | 30° | 40° | 50° | 60° | 70° | 80° | 90° | 地平線から（磁気の北） |
|---|---|---|---|---|---|---|---|---|---|---|---|
| 水平距離 | 710 | 480 | 250 | 160 | 115 | 80 | 55 | 30 | 20 | 0 | km |

オーロラの仰角と水平距離．オーロラ・カーテンの裾と磁北方向の地平線との角を測定すれば，自分とオーロラとの水平距離を知ることができる．たとえば，オーロラ・カーテンがフェアバンクスの磁北約 225 Kmの位置にあるフォート・ユーコンの上空に現れるとすれば，オーロラ・カーテンの裾から磁北水平線までの仰角は，フェアバンクスでは約22°となる．同様にオーロラの磁南約 525 Kmの地点にあるタルキートナからは，地平線上 9°に見えるはずである．

　カーテン状オーロラの他に，もうひとつのオーロラの型がある．薄膜状オーロラと称するものがそれである．幅数百km，空を東から西へとひろがるように見え，天の川によく似ているが明るくて，カーテン状オーロラよりも少し南に現れる．

　オーロラの出現頻度（年平均）は，これまで多くのオーロラ学者によって検討されてきた．昔からの出現記録を丹念に集計し，1860年エール大学教授 E.ルーミス(Elias Loomis) は三つの地帯を描いた1枚の地図を作成した．ひとつの地帯では，オーロラは年に80夜見られ，他の二つの地帯では40夜見られる．今日の水準から見ても当時の科学的研究の正確さは驚嘆に価する．その頃入手でき

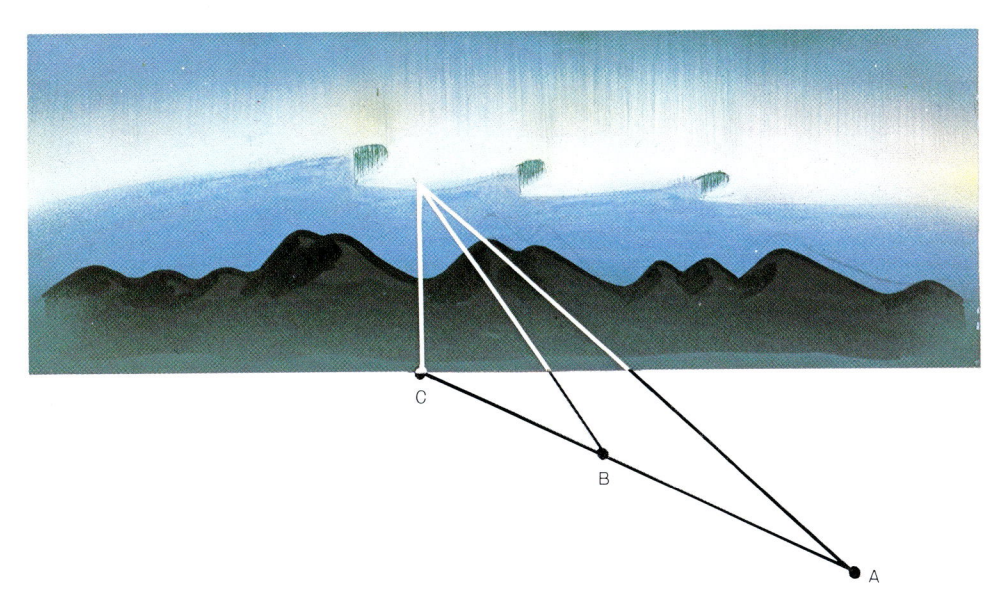

オーロラ・カーテンは観測者との相対距離によって異なって見える. A点からは地平線の山に見えがくれしているが, もっと近いB点からは空高くそびえるアーチ型に見える. オーロラの真下に近いC点では, カーテンが天頂付近に扇型にひろがって見える. この型をコロナと呼ぶ. C点で東の地平線を見ると, オーロラが山からたちあがっているように見える.

コロナ

天　頂 　　　　　　　　東

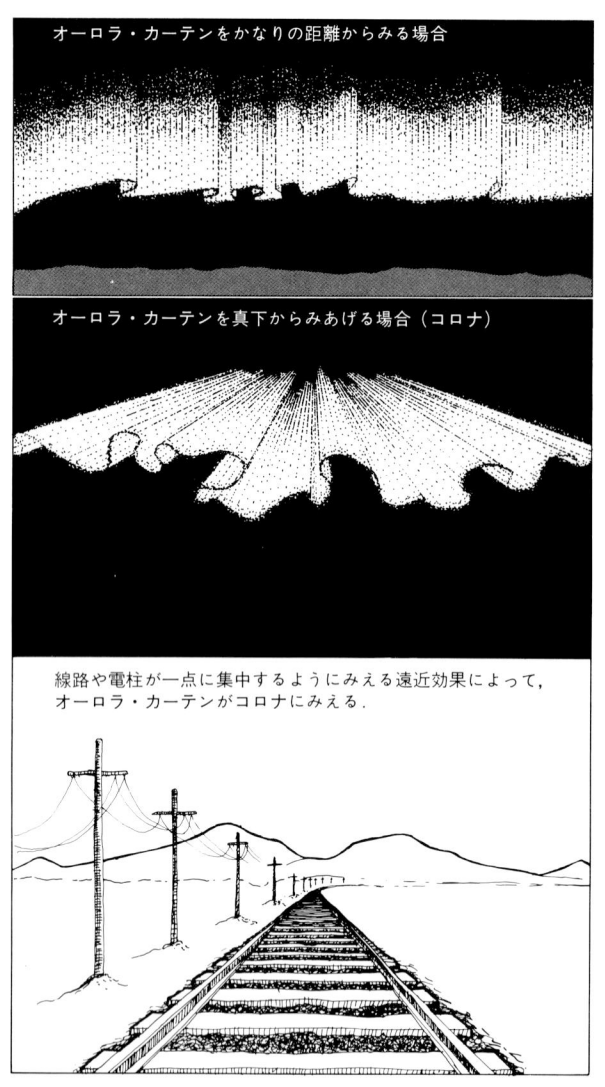

オーロラ・カーテンをかなりの距離からみる場合

オーロラ・カーテンを真下からみあげる場合（コロナ）

線路や電柱が一点に集中するようにみえる遠近効果によって、オーロラ・カーテンがコロナにみえる。

遠近効果とコロナ型．オーロラ・カーテンが観察者のわずか南方にあるときは、カーテンの裾が見られる．オーロラの活動が活発で、波形、とくに反物状を呈するときは、コロナ型が見られ壮観である．観察者に見えているのは非常に多くの平行射線であるが、上空数百Kmにのびているため、遠近効果によりその射線が集中するように見えるのである．同じオーロラを同時に数百Km離れた地点から見れば、カーテン状に見えるはずである．

イギリス南極探険隊員によるオーロラのスケッチ．オーロラ・カーテンが地平線から天頂近くにのびて、コロナ型になるところを正確にスケッチしてある（英国学士院）．

コロナ型オーロラのスケッチ（E. H. Petersen）．

ナンセンがコロナ型を鉛筆でスケッチしたもの．1894年12月画（F. Nansen: *Farthest North*,〈極北〉, 1897）．

たデータは，今日の水準からすれば乏しいものであったにちがいないが，ルーミスの研究の正確さはそのよい一例である．かれの地図はその後もっと精密なものに改良されている．

54ページの図は，1944年アメリカのE. H. ベスティーン (E. Harry Vestine) が作成したもので，曲線上の数字はオーロラが見られる夜の年間回数を示す．すなわち，「0.1」は10年に1回，「1」は年間1回，「243」は年間243回の意味である．この「243」曲線周辺の狭い地帯をオーロラ帯と称する．これらの数字は長期間の平均に基づいて算出されたもので，オーロラの出現は太陽黒点周期（1周期約11年）に強く依存するので，太陽黒点の発生が多い期間（すなわち1979～81年；1990～93年など）には図表に示される数よりも一般に多くなる．

ルーミスやベスティーンのつくった地図は，オーロラの発生が緯度65°で頂点に達し，それより高緯度になるに従って減じることを示している．R.E.ピアリー (Robert E. Peary) は北極点遠征中にこの傾向を観察している．

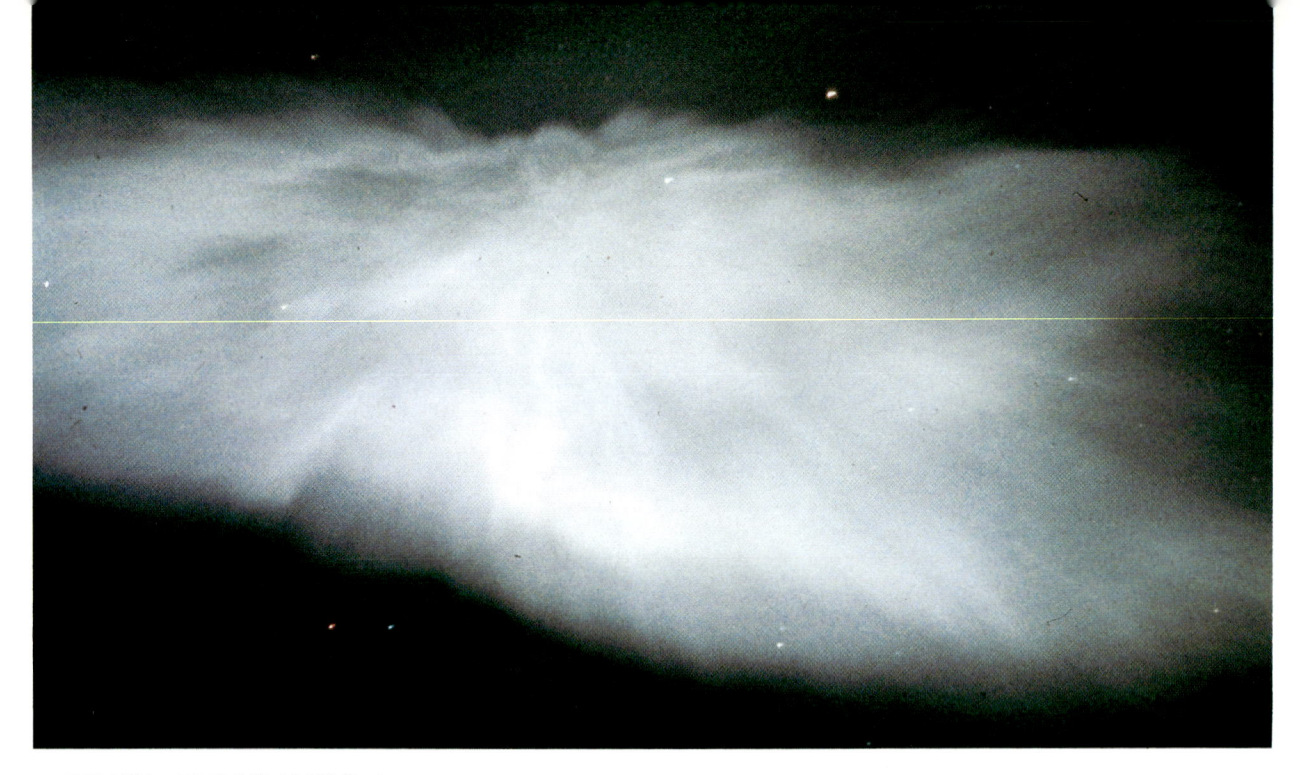

コロナ型オーロラの壮観（赤祖父俊一）．

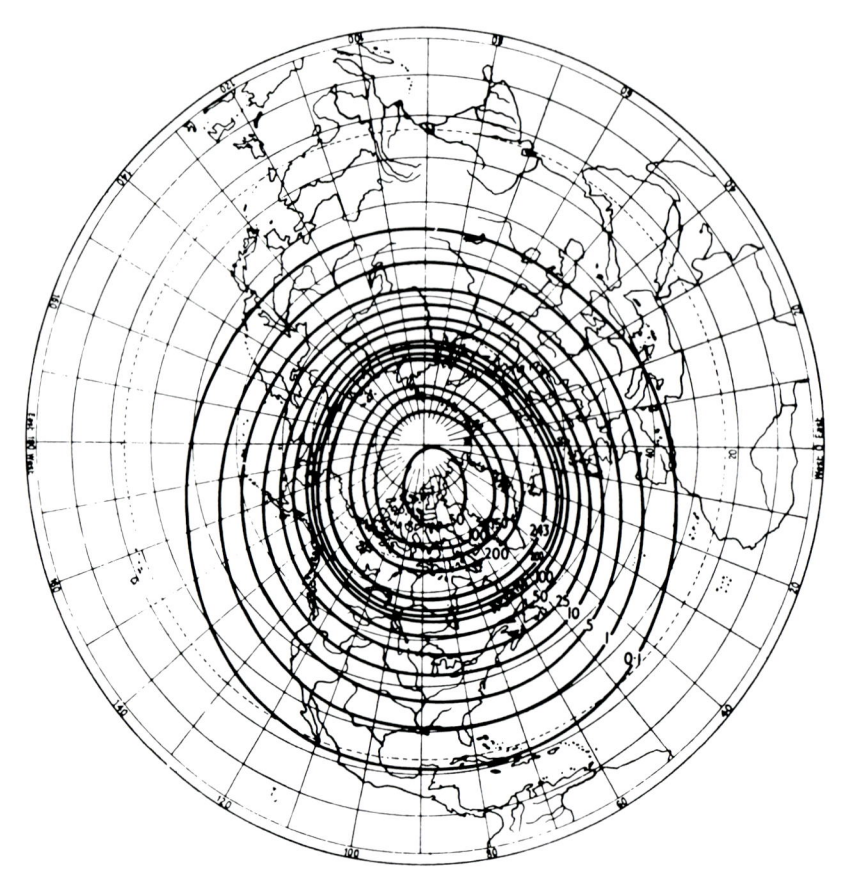

E. H. ベスティーン（E. H. Vestine）が求めたオーロラ出現の平均頻度（夜の年間回数）(*Terrestrial Magnetism*《地磁気》, **49**, 1944, p. 77)．

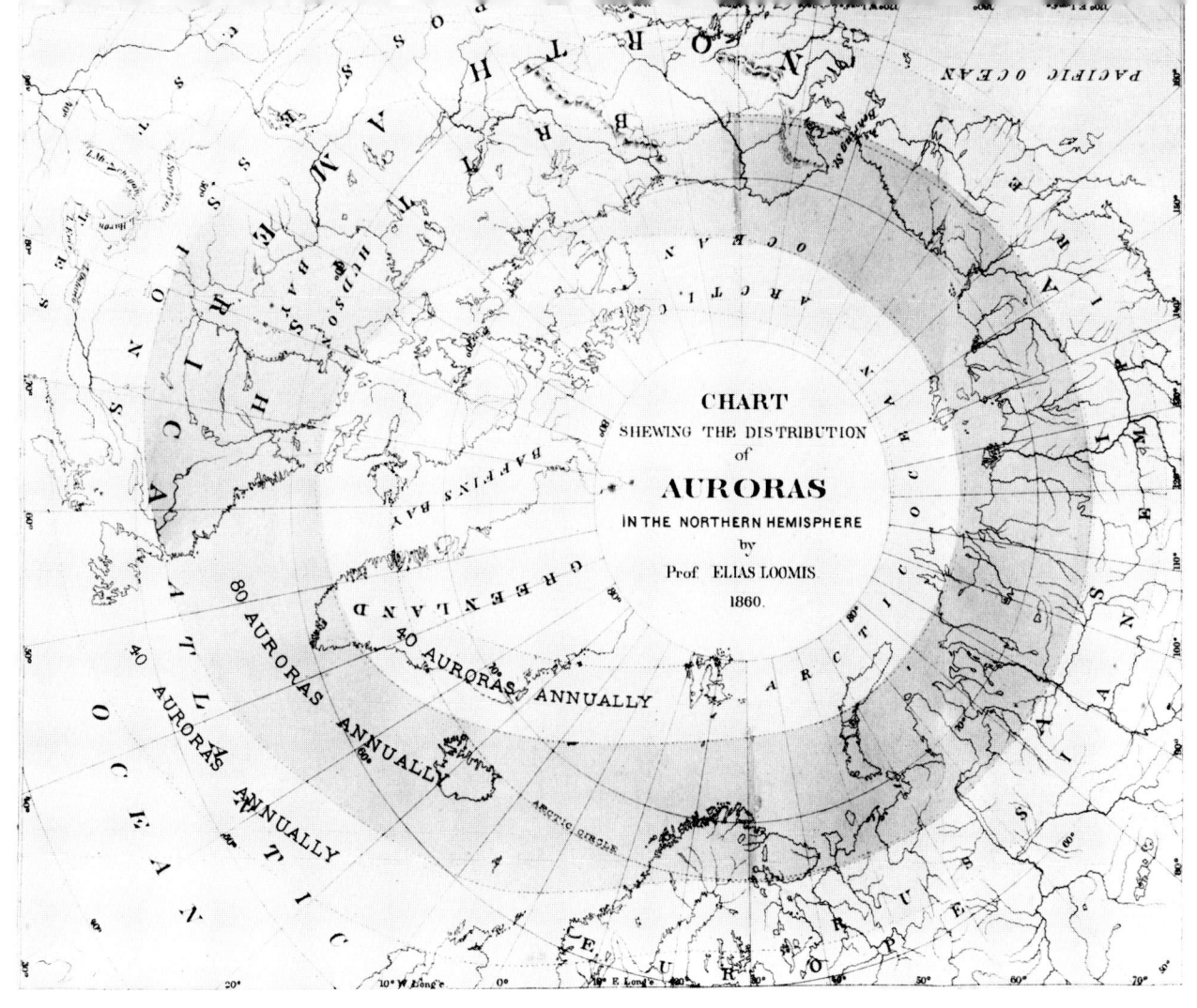

E. ルーミス (Elias Loomis) が1860年につくった，オーロラの年間平均出現回数を表す最初の地図 (*American Journal of Science and Arts*《アメリカ科学芸術誌》, 1860).

E. ルーミス．オーロラが極を取り巻く狭い地帯に出現することを，最初に発見した科学者（エール大学）．

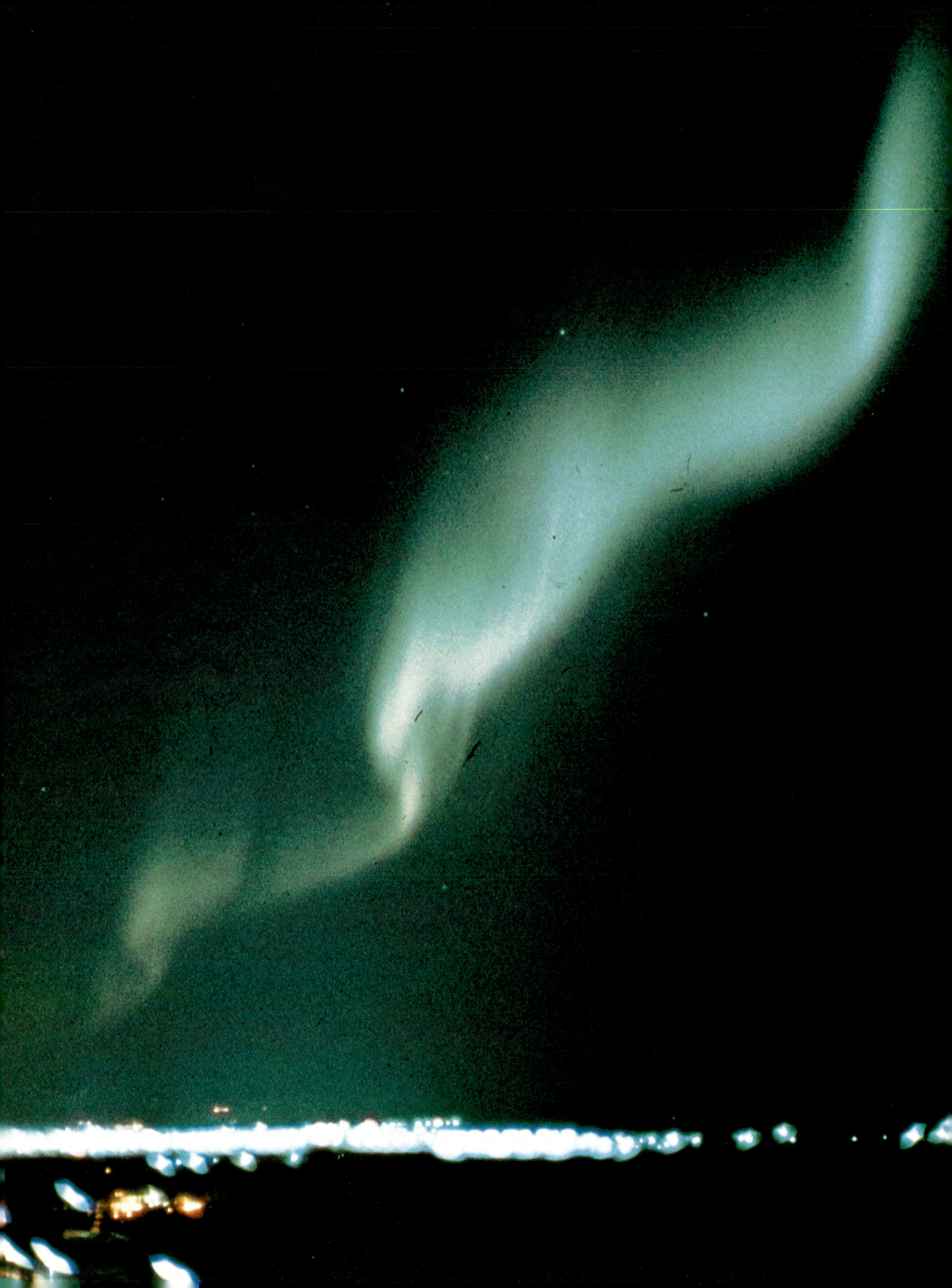

シベリヤ北極海岸はオーロラ帯にあるので，すばらしいオーロラがよく見られる（N. Pushucov and S.I. ISaev）．

自然はすばらしく明るいオーロラを出現させて，われわれのクリスマス祝祭に親しく仲間入りしてくれた．氷帯(アイスフット)の上で競走を行っているとき，北の空は蒼白い光の吹流しや長槍でおおわれた．この現象はこの最高緯度では，通説とはちがい，とくにひん発することはない．人びとが抱いて楽しんでいる迷想をうち破るのは，いつも気の毒に思うのだが，わたしがメイン州で見たオーロラはこの北極圏のかなたに現れたオーロラよりもはるかに美しかった．

R.E. Peary : *The North Pole*（『北極』）. London, Hodder and Stoughton, 1910, p.172.

オーロラが極点を取り巻く狭い地帯に沿ってもっともひんぱんに現れることは，すでにいく人かの極地探険家が指摘していたので，オーロラは極地のパック・アイスの縁に沿って現れがちであると，誤まって結論するもの

（前頁）フェアバンクス市の真上に現れたオーロラ・カーテン（アラスカ大学地球物理研究所）．

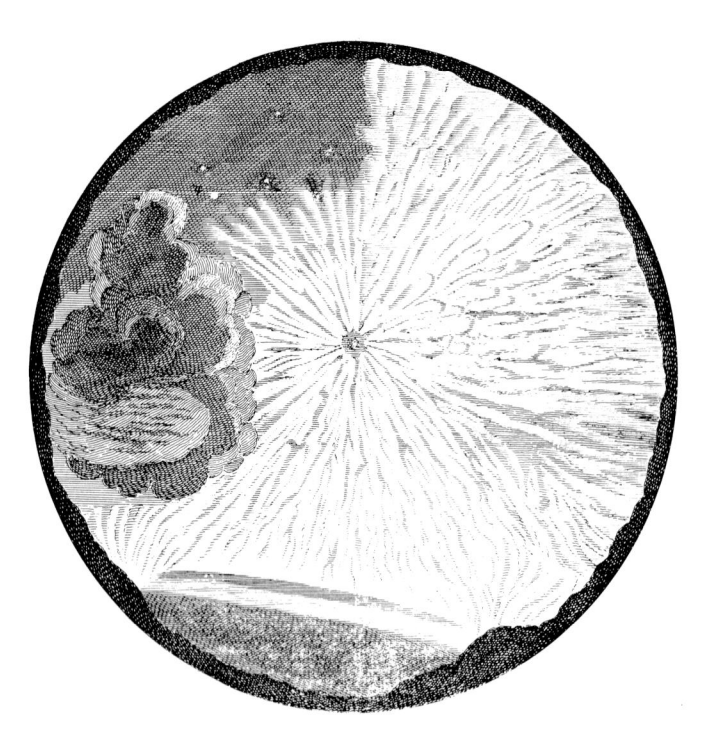

(上) 1726年ダ・メラン (de Mairan) が描いた全天オーロラの最初の科学的スケッチ (de Mairan : *Traite Physique et Historique del' Aurore Boreale* 〈北極光の物理と歴史考〉, 1733).

(右) 写真術出現以前，オーロラ科学者はオーロラをスケッチするよりしかたがなかった．このスケッチは，V.カールハイム・イユレンスコールド (V. Çarlheim-Gyllenskold) がスピッツベルゲンで観測を行なったときのもの．

もあった．

　どんな科学的研究においても，一番重要なことは研究対象の現象を精確に記録することにある．しかし，自分の眼でオーロラを見たことのある人なら誰でも，言葉での十分な記録は不可能と述べている極地探険家，W.E.パリー大佐の説を肯定するであろう．

　ここまでは，オーロラのすばらしい特異な現象を，言葉でおぼろげながらも表現することは可能であった．その理由は，その形状がある程度まで一定していたからである．しかし，オーロラの活動が絶頂に達すると，その真の姿を正確に伝えることは不可能に近い．それゆえ，おそれながら，あえて言葉を用いて描写させていただくのは，この壮麗きわまりない景観を目撃した直後に誌しておいた，ただ

それだけの理由である．

W. E. Parry : *Journal of a Second Voyage for the Discovery of a North - West Passage from the Atlantic to the Pacific ; Performed in the Years 1821-22-23, in His Majesty's Ships Fury and Hecla*（『大西洋より太平洋への北西航路発見のための第二次航海の日誌，1821-22-23年，イギリス軍艦フェリー号およびヘクラ号による』）, New York, Greenwood Press, 1904, p.143.

　今日オーロラ研究に使用される記録の方法は種々で，写真術のほかにもオートメーション操作の複雑な電子工学的装置がある．もちろん，このような装置は研究の初期にはなかったので，凍える手でスケッチしなければならなかった．1726年ダ・メランが描いた図はオーロラの

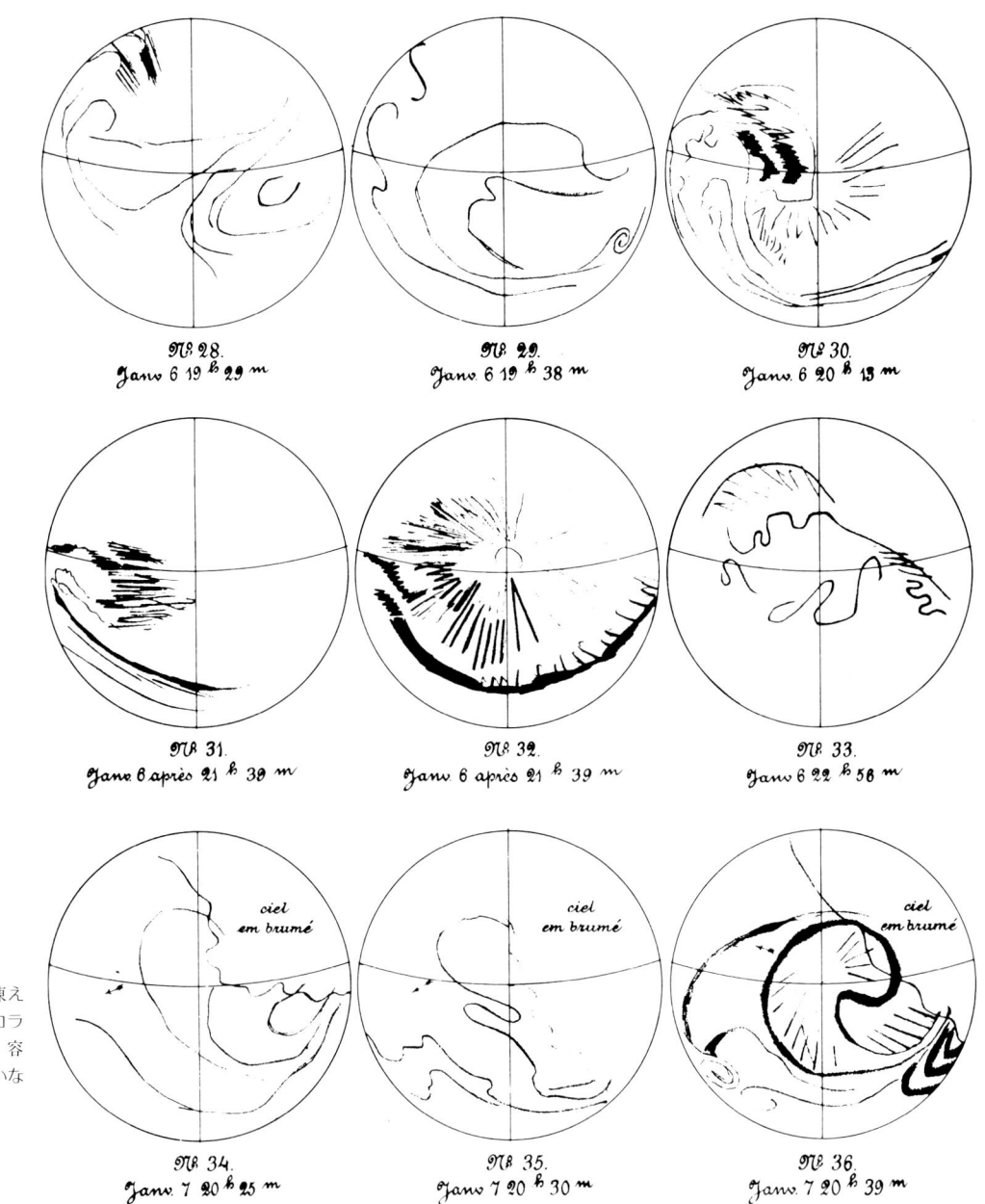

オーロラのスケッチ9枚．凍える手で急速に変化するオーロラの形状をスケッチするのは，容易な事ではなかったにちがいない(V. Carlheim-Gyllenskold).

科学的スケッチの最初のものにちがいない．全天をひとつの円として描いてある．

　写真技術が19世紀末オーロラの研究に取り入れられた．当時，科学者たちが経験した困難な問題を，熱心なオーロラ観察者であったS.トロムホルト (Sophus Tromholt) がよく語っている．

　　北極光の写真を撮ろうと試みたが，ひとつとして成功したためしはなかった．もっとも感度のいい乾板を用い4～7分も露出をかけたにもかかわらず，ぼんやりしたネガさえ1枚もできなかった．

　ステルマーは1910年から1930年の間に，自ら撮った4万枚の写真を基礎として，オーロラの高度と形状を研究してオーロラ科学に大きな貢献をした．アラスカ大学のV.R.フラー (Veryl R. Fuller) とE.H.ブラムホール(Ervin H. Bramhall) も1930～34年頃フェアバンクスで写真撮影

オーロラ科学の二人の先駆者，K. ビァカラーンと C. ステルマー (Kristian Birkeland and Carl Stormer) は1905年頃ノルウェーの最北端でオーロラの写真撮影を行なった（トロムゾー大学オーロラ観測所，ノルウェー）．

による非常に多くの観測を行った．

　オーロラ写真を撮るにあたって二つの問題がある．前述のように，まず，オーロラの光が弱いだけでなく活動はしばしば激烈である．そのために現在の最高感度フィルムを用いても，完全に撮影することはできない．感光度の高いテレビ装置が必要になってくる．

　オーロラを記録するにあたって第二の問題は，それが超スケールの現象であるために，1ヵ所からの観察では不十分なことである．多くの地点から，観察が正確に同時に行われなければならないが，昔はこのような統一的な観測は不可能であった．そのため20世紀前半においても解決されなかった大問題のひとつは，北極上空の超高度から地球を見下すとするとオーロラ・カーテンが極地全域にどのように分布しているかであった．一般にオーロラ・カーテンはルーミスのオーロラ帯に沿って出現するものと信じられていたが，それは推定にすぎなかった．1957～58年の国際地球観測年（IGY）の期間中，この分布を精密に求めるために，総力をあげた研究が行われた．

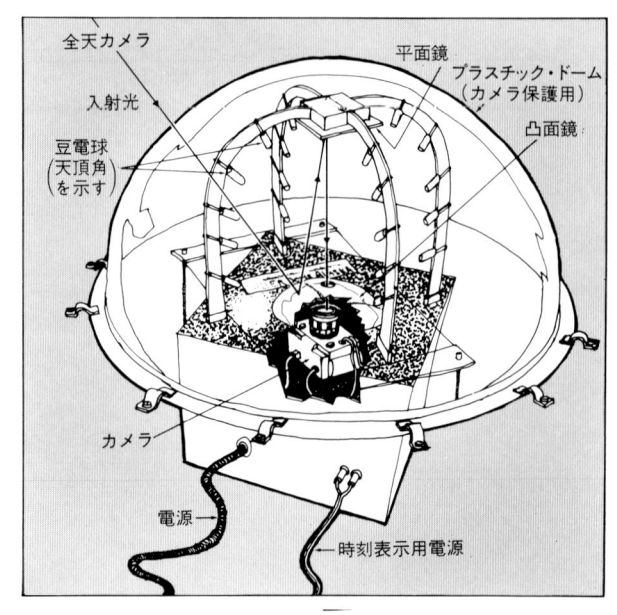

全天カメラの構造と光学．国際地球観測年（1957～8年）の期間中，100台以上の全天カメラが設置された．そのフィルムに基づいて，極地全般のオーロラ活動が明らかにされた（アラスカ大学地球物理研究所）．

これがために全天をひとコマの中に収めて写せるカメラが考案された．この種のカメラには「全天カメラ」と適切な名称がつけられている．当時は未だ高速撮影用の魚

全天カメラで写された活発なオーロラの写真．大きなスケールの渦による巻かれた反物状の変形と，小さなスケールの渦による射線構造がよく見られる．射線構造は，一般には非常に速やかに動くので写真によく写らないが，この場合例外的によく写っている（アラスカ大学地球物理研究所）．

眼レンズが開発されていなかった．したがって地平線上すべてのものを映す凸面鏡と，それに写る像を写す平面鏡を備えたカメラ装置をつくる必要が生じた．カメラは凸面鏡の真下にある箱の中にある．そのカメラで，平面鏡上の映像を凸面鏡の頂点にある小さな孔を通して撮るというしかけである．

　国際地球観測年の期間中には，全天カメラが100台以上も，北極と南極の荒野に据えつけられ，オーロラを1分ごとに写した．写されたフィルムはモスクワ大学のY. I. フェルドスタイン（Yasha I. Feldstein）とO.V. ホロシィーバ（O.V. Khorosheva）を含む多数の科学者によって解析された．フェルドスタインとホロシィーバは1963年，オーロラが極を取り巻く狭い帯状地帯に沿って分布されていることを発見した．これは，オーロラ・オーバル（オーロラ楕円形の意）と呼ばれるが，オーロラ帯とはまったく別である．北極地方全体を上空から見おろせる

全天カメラによってとらえられた，活発なオーロラ（帯形）のカラー写真．

とすると，オーロラの美しい環状ベルトが見えるはずであるが，それがすなわちオーロラ・オーバルである．地球は1日1回その下を東向きに自転する．逆に地球から見ると，オーロラ・オーバルが地球上を1日1回西向きに自転する（p.64の図参照）．したがってオーロラ・オーバルの下の地理は地球の自転とともに刻々と変わる．オーロラ帯とちがい，オーロラ・オーバルの方は特定の地理的な位置に固定されているわけではない．オーロラ帯は地球が1日1回自転するにつれて地球の上に描かれるオーロラ・オーバルの真夜中の部分の軌跡である．

オーロラ・オーバルの存在は，研究が初めて発表されてから数年間は激論のまとになった．それはオーロラが，オーロラ帯に沿って分布する，と確信されていたからである．一方，オーロラの実際の分布は，基礎科学としても，また実際問題として無線通信に及ぼす影響からも重要であったために，ジェット機2機がこれを解明するた

全天カメラで写された，静かなオーロラ・カーテンのカラー写真(アラスカ大学地球物理研究所)．

めに使用された．そのうちの1機，アメリカ空軍ジェット機がマサチューセッツ州ベッドフォード，ハンスカム・フィールドの地球物理研究所に配置された．他の1機はNASA(アメリカ航空宇宙局)のジェット，ガリレオ号であった．これら2機から写した写真の精密な解析によって，オーロラ・オーバルの存在は確認された．

また一方，計測器を満積した2機のジェット機により南北両半球のオーロラが同時に調査された．1967年アラスカ大学地球物理研究所および，ロスアラモス科学研究所が協同して二手に分かれ，ひとつはアラスカ上空を，他はニュージーランドのはるか南方で，飛行を行った結果，北極光と南極光とは本質的に同一であることをつきとめた．南北両半球で写された写真には同型の帯状オーロラが見られる．1本の磁力線(次章参照)が南北両半球で写された円い写真の中心を連結している．

1970年代とともにオーロラ写真技術の「宇宙時代」が

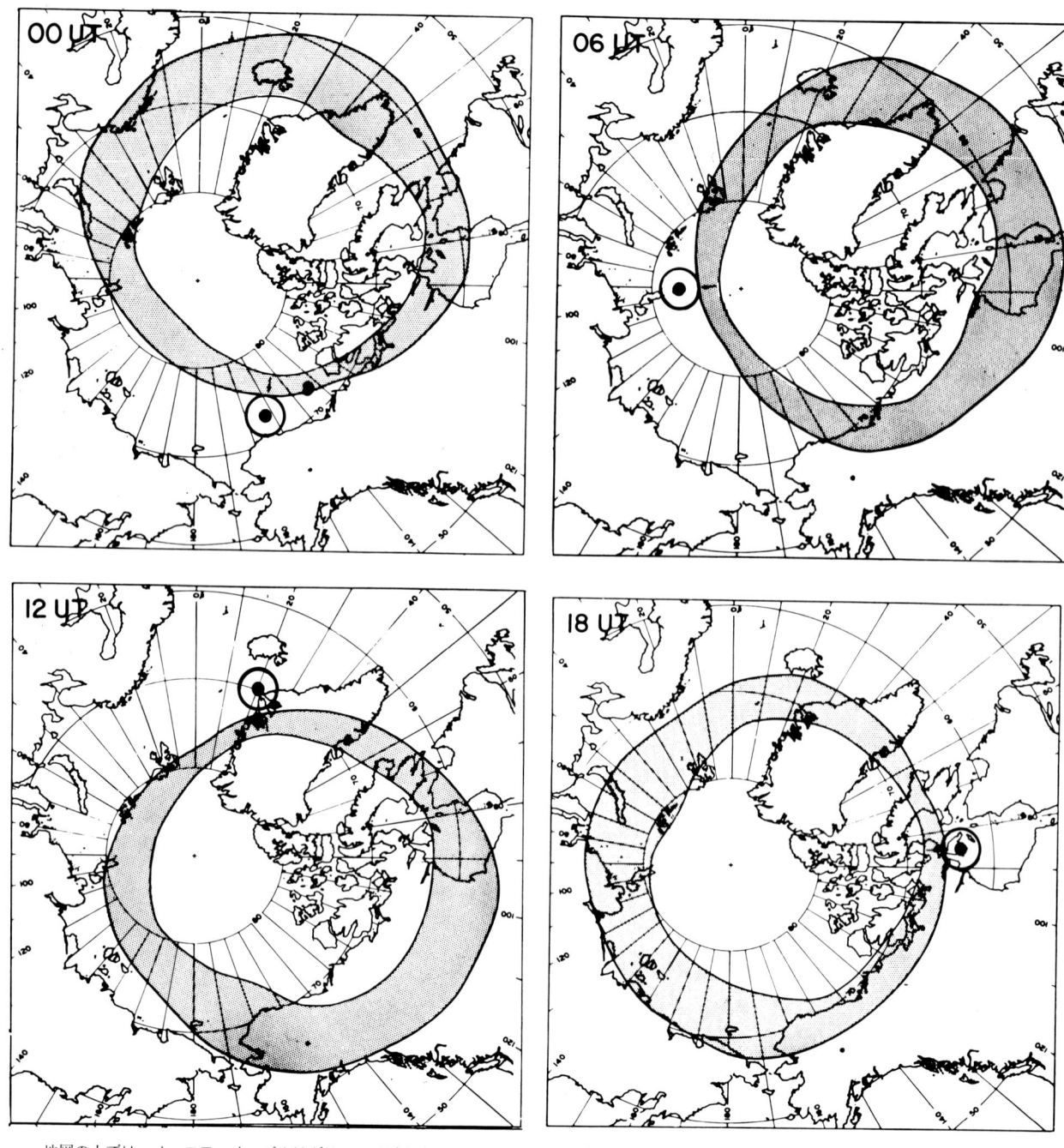

地図の上では，オーロラ・オーバルはグリニッジ平均時（UT）が変われば位置も変わる．00UT（アラスカ内陸の午後2時）には，オーバルの正午にあたる場所が，アラスカ経度のボーファット海に位置している．太陽の方向は円中の点で示してある．06UT（午後8時）には，オーバルはカナダの北西諸州のイヌビークの上空にある．12UT（午前2時）には，アラスカの中心部がオーバルの真下にくる．18UT（午前8時）には，オーバルはアラスカのノース・スロープ地方をおおうことになる（アラスカ大学地球物理研究所）．

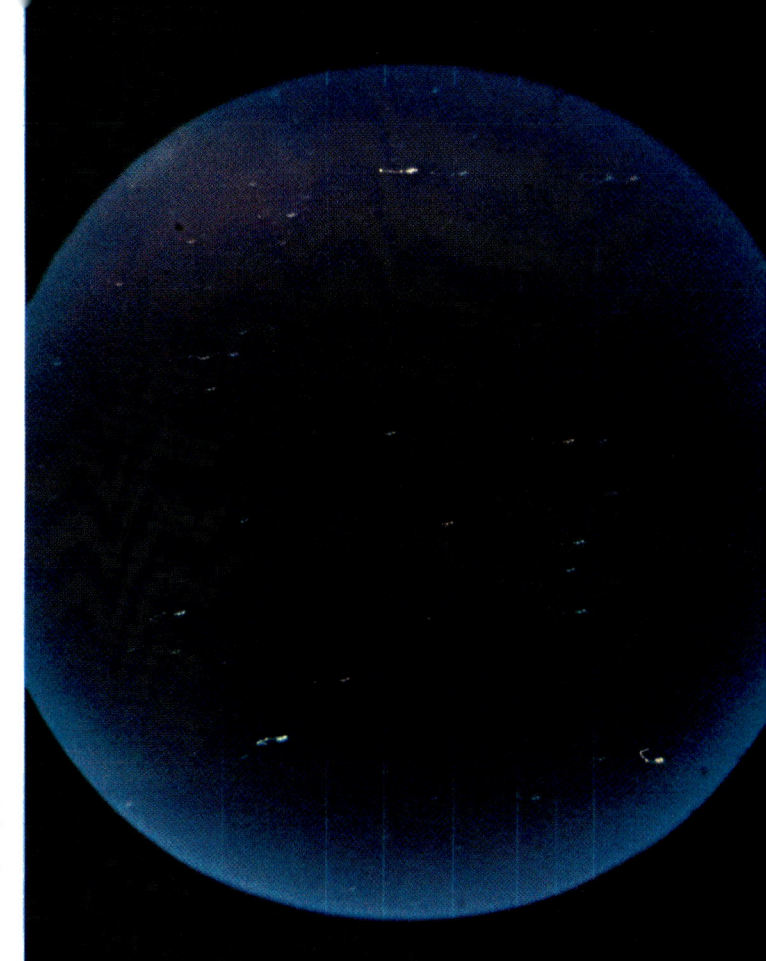

北半球の真昼のオーロラ．北半球では真昼のオーロラは，グリーンランドの東海岸からシベリヤの北の北極海上空で見られるはずであるが，地理緯度が低いため太陽光線にじゃまをされ実際に見えるのは冬至前後1週間である．この写真はグリーンランド東海岸上空で機上より写した真昼のオーロラで，薄明の青空の中にピンク色に見える（アラスカ大学地球物理研究所）．

南半球の真昼のオーロラ．南極点では5月，6月，7月の3ヵ月間真昼でも空は完全に暗く，しかも磁気緯度が75°であるため，オーロラ・オーバルの真昼の部分のオーロラがよく見える（アラスカ大学地球物理研究所）．

オーロラおよび極地の電離層調査の目的で，マサチューセッツ州，ベットフォード，ハンスカム空軍基地の地球物理実験所に配置されたアメリカ空軍特別機（空軍地球物理研究所）．

NASAのジェット機ガリレオ号機内の著者（右）とA.マクネイル（Al McNeil）（NASA，エイムズ研究センター）．

始まった．カナダで打ち上げた人工衛星ISIS2号が初めて極地の高空からオーロラを撮影する装置を積んで飛んだ．今では数個の人工衛星がこの種の写真技術による調査を続行している．

つぎの重要問題は，オーロラがいったいどのような光を放つかであり，この研究からオーロラ発光の原因について二つのかぎが得られる．第一は光を放つ原子と分子の種類であり，第二はそれらの原子と分子が何故に光を放つかである．この研究部門は分光学と呼ばれ，オーロラに応用した場合，オーロラ分光学と呼ばれる．分光学のもっとも簡単な道具は1個のプリズムである．プリズムを通過して分解された光のしま模様は，スペクトルと

ガリレオ号の操縦室から写したオーロラ （NASA, エイムズ研究センター）.

北極光がガリレオ号のつばさをうき出しにしているところ（アラスカ大学地球物理研究所）.

北極光

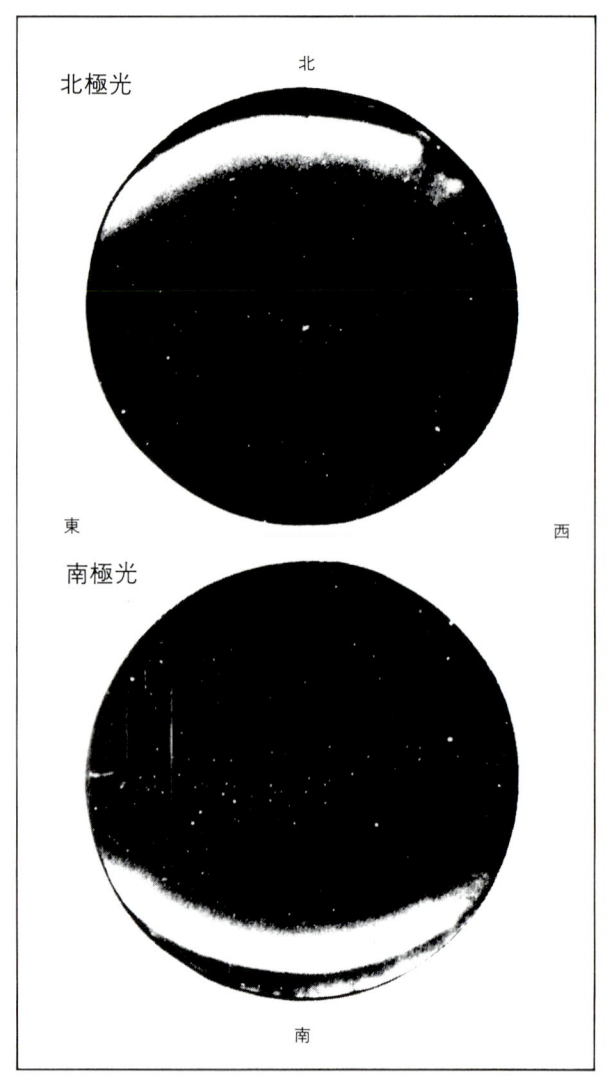

北

東　西

南極光

南

(次頁の上) 南極点に現れたオーロラ．サソリ座の星がいっしょに写っている (A.N. Zaytsev)．

(次頁の左下) 南極大陸ウィルクス・ランド上空に現れた，活発なオーロラ・カーテンを描いたもの（アメリカ地理協会）．

(次頁の右下) 南極大陸ウィルクス・ランド上空に現れた，二つのオーロラ・カーテンを描いたもの（アメリカ地理協会）．

北半球のオーロラ（北極光）と南半球のオーロラ（南極光）とは，本質的には同一のものである．これら2枚の写真は，2機のジェット，ひとつはアラスカの上空（上），他はニュージーランドはるか南方で（下）同時に写したもの(A.E. Belon, J.E. Maggs, T.N. Davis, K.B. Mather, N.W. Glass, G.F. Hughes, : Journal of Geophysical Research〈地球物理研究誌〉, 1969)．

日本の南極昭和基地上空のオーロラ．この写真からも北極光と南極光が，基本的に同じ様相を呈していることがわかる（東京大学地球物理研究所，小口高）．

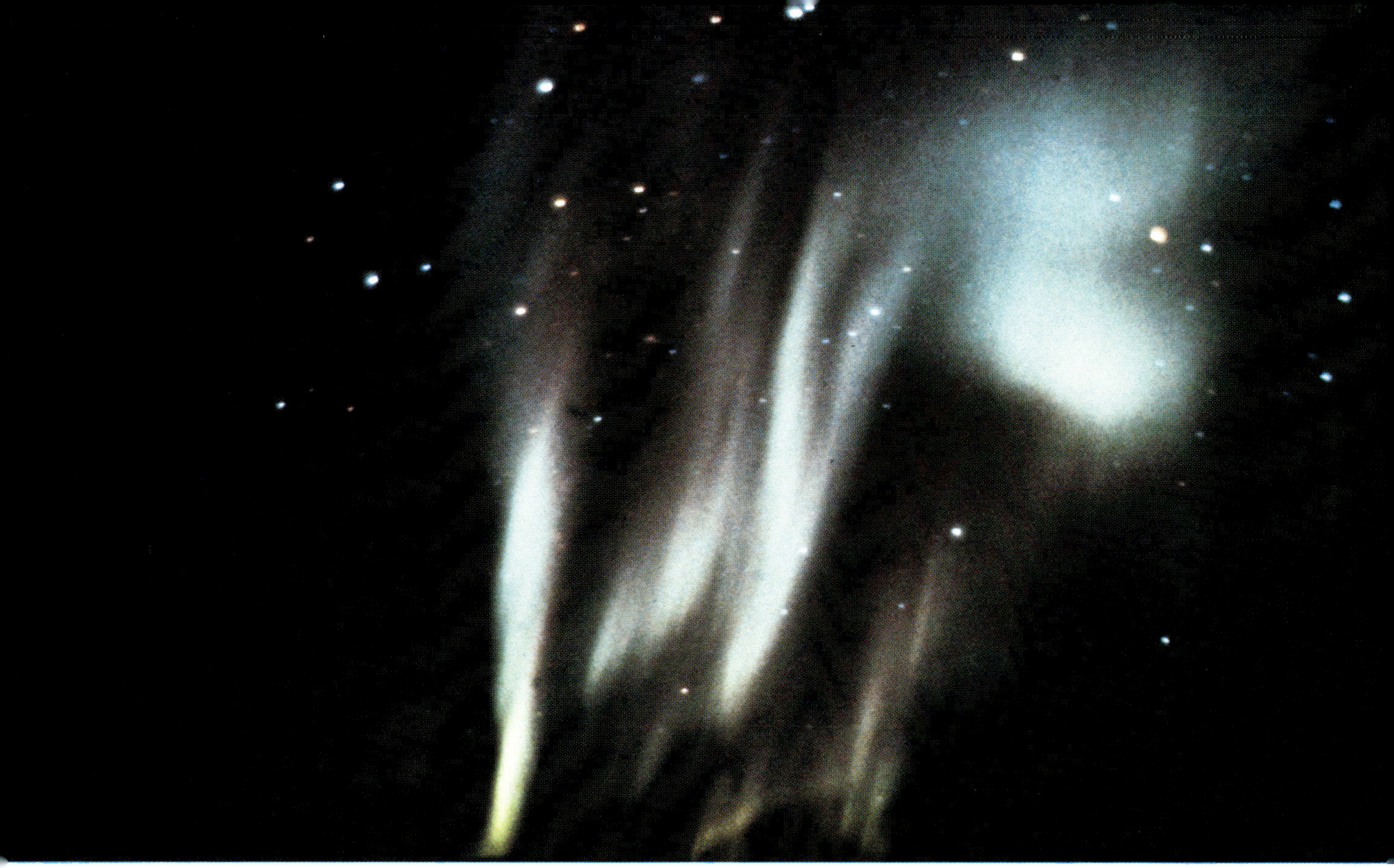

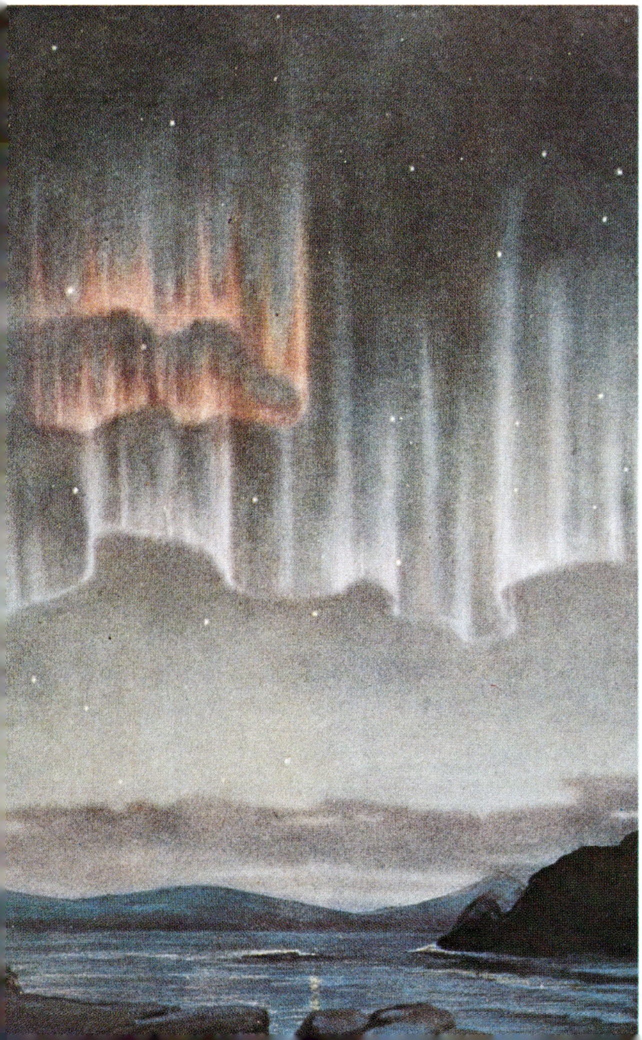

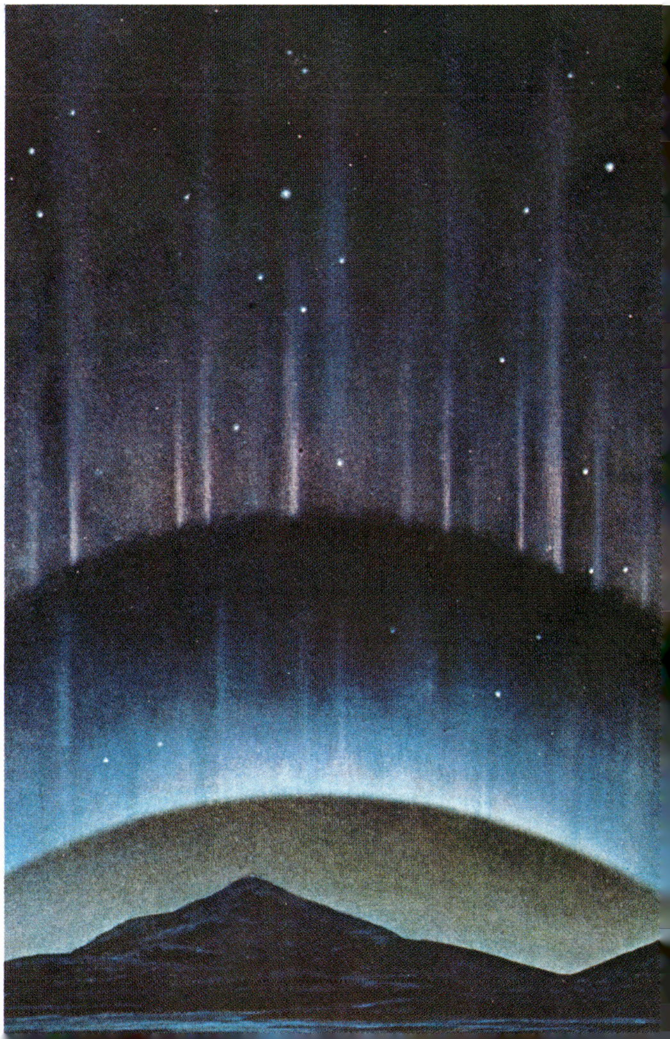

(上) 昭和基地でオーロラに向けて発射されたロケット．オーロラを生ずる電子流，オーロラから発生する電波などを測定する装置が積まれている（国立極地研究所）．

（右側3図および次頁2図） 昭和基地上空に現れるオーロラ．南極大陸上空に現れるオーロラは，北極圏のオーロラと型，色彩とも同一である．それはのちに述べるように，オーロラ放電は南北両半球で同じように起こるからで，異なった種類の粒子が両半球に別々に入るのではない（国立極地研究所）．

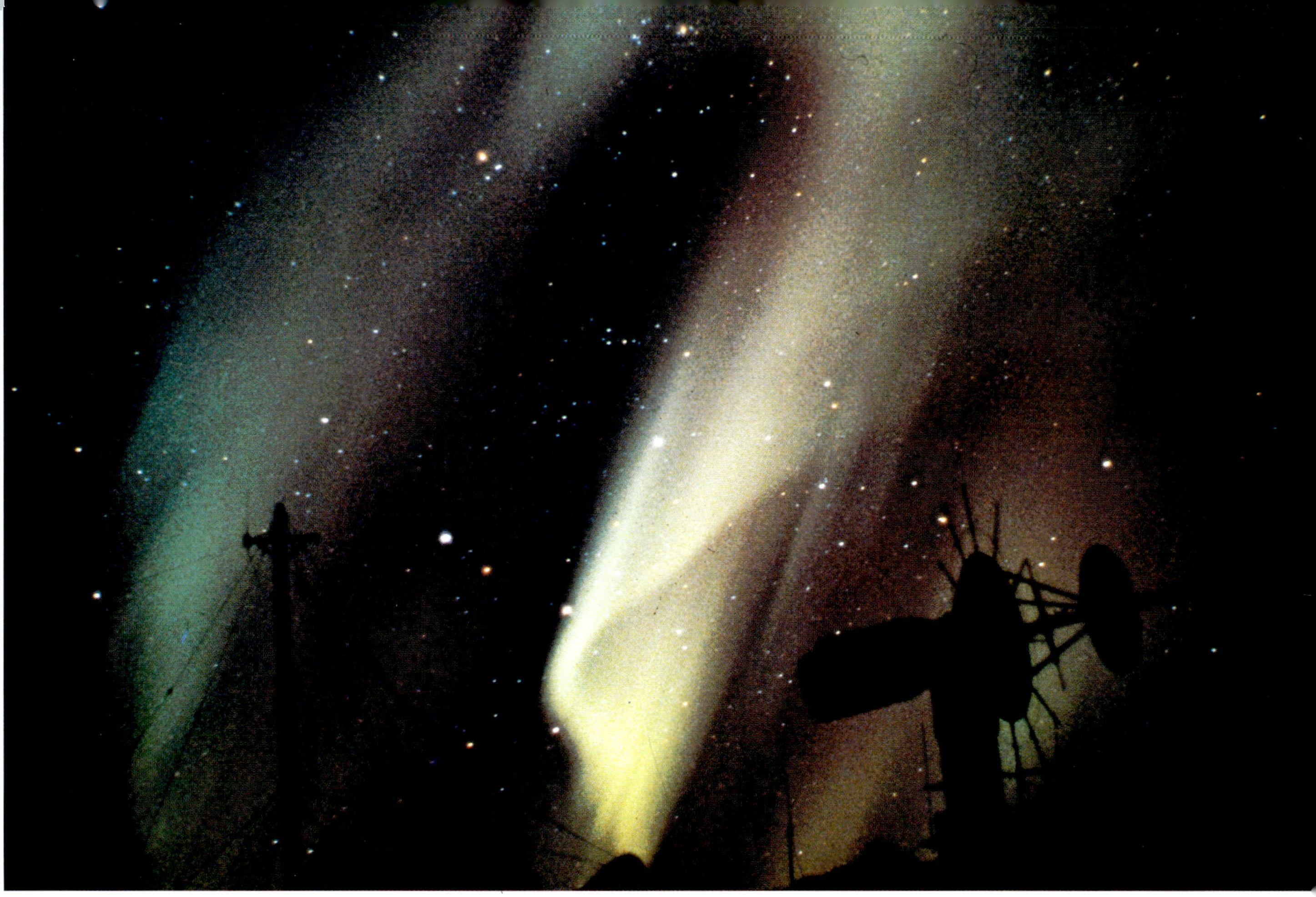

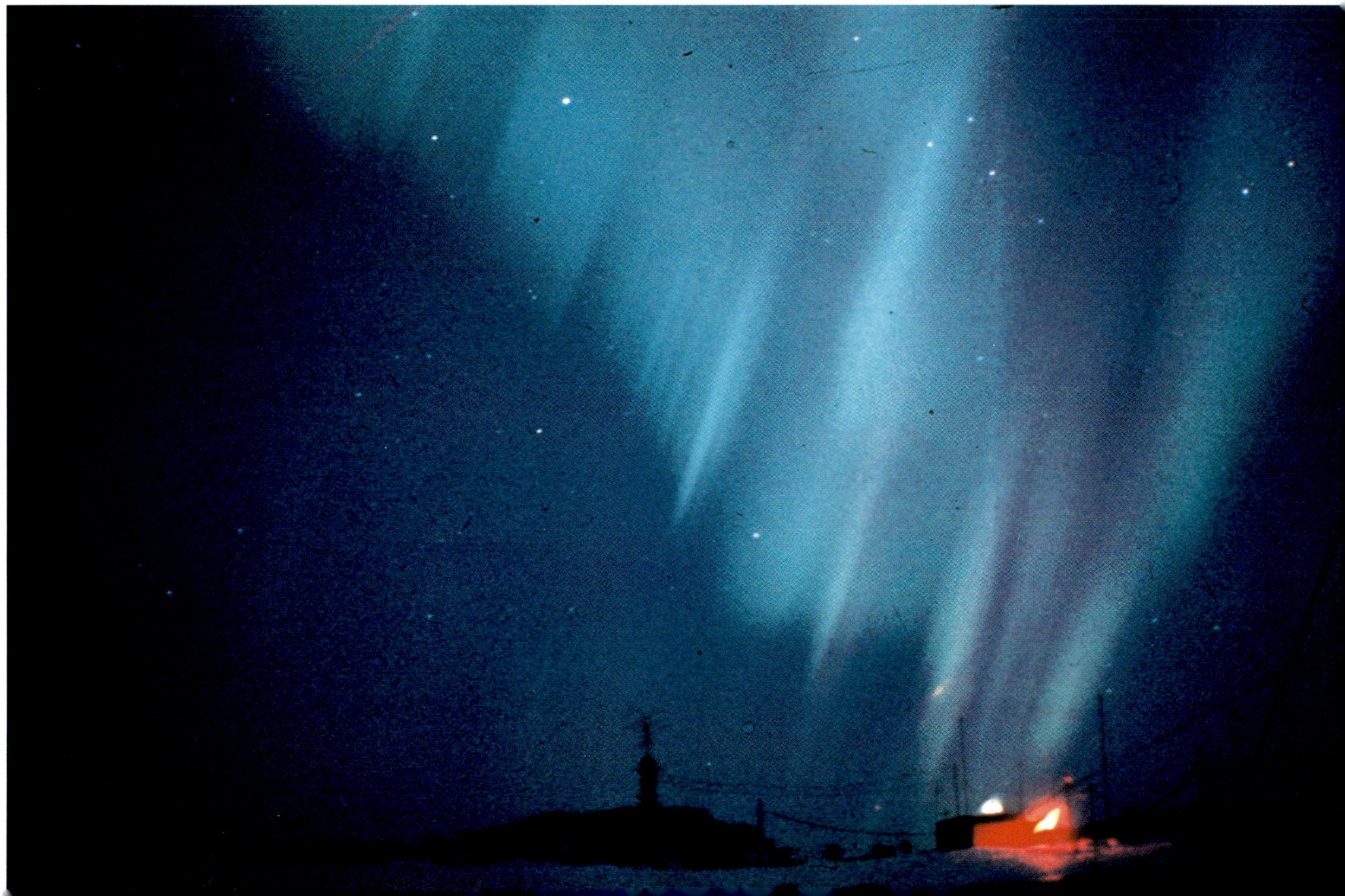

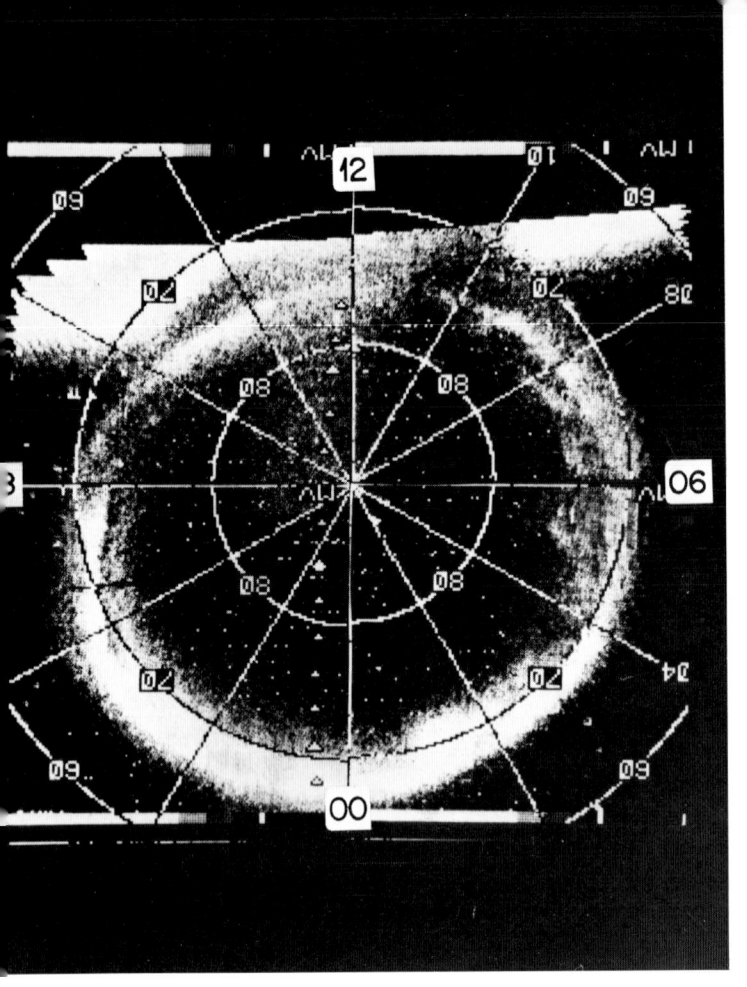

人工衛星によって北極地方の上空から撮った，オーロラ・オーバルの最初の写真（C. Anger, キャルガリー大学）．

（右上）アメリカ空軍の人工衛星の撮った北ヨーロッパ上空のオーロラ・オーバルの写真（防衛気象衛星計画）．もっとも大型の明るい点はロンドン市（世界データ・センターA, NOAA）．

（右下）人工衛星「ダップ」により写された珍しい写真．日本の夜景とシベリヤ上空に舞うオーロラがいっしょに写っている（世界データ・センターA, NOAA）．

アメリカ空軍の人工衛星が撮った北アメリカのモザイク写真（防衛気象衛星計画）。時を異にして撮った数枚の写真の組合せのために，オーロラの活動は切断されたように見える（世界データ・センターA, NOAA）。

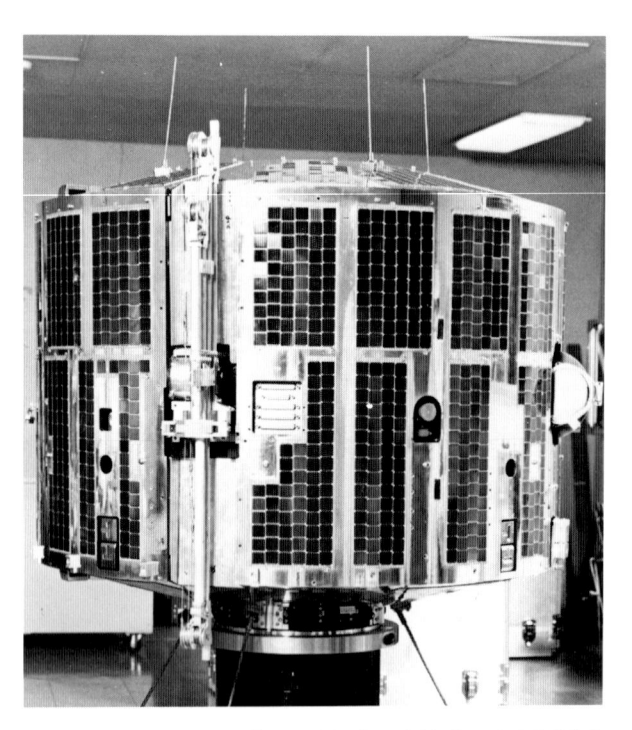

人工衛星「極光」．今までの人工衛星では，衛星が極地上空を移動するのを利用して，地球を1回りするごとに1枚の写真しか撮れなかったが，「極光」は4分で1枚の写真が撮れるため，オーロラの激しい活動を極地全面にとらえることができるようになった，画期的な企画である（東京大学宇宙航空研究所）．

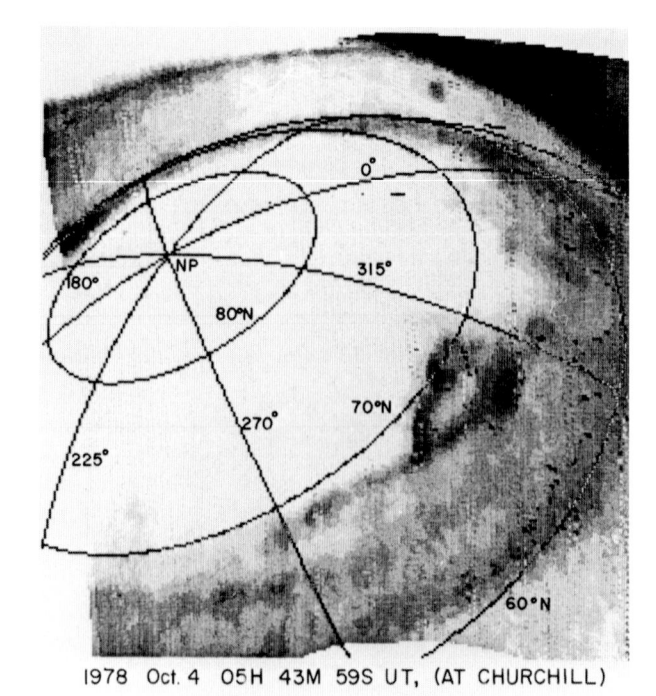

1978 Oct. 4 05H 43M 59S UT, (AT CHURCHILL)
(SATELLITE POSITION)
HEIGHT: 3932 KM GEOMAG. LAT. 63°9 GEOMAG. LONG: 275°
(GEOGRA. LAT. 60°7 GEOGRA. LONG: 226°)

「極光」で撮影された北極上空のオーロラ．コンピュータでデータが処理され緯度，経度線が入れてある．図の右の方が夜側で，明るいオーロラが見られる（東京大学宇宙航空研究所）．

呼ばれる．

19世紀初期までは，オーロラとは太陽光線が空中の微細な氷の結晶に反射されて出現するもの，と一般に信じられていた．もしそれが事実とすれば，オーロラの光をプリズムを通して見ると，スペクトルは虹のように見えるはずである．虹の場合は赤から紫までの色が連続的に配列されており，連続スペクトルと呼ばれるものである．

ノルウェーの物理学者 A.J. オングストローム (Anders Jonas Ångström; 1814～1874) は，オーロラ研究にプリズムを最初に使用した人であった．かれは，オーロラの光が虹の光と全然ちがっていることを発見した．オーロラのスペクトルには連続性がなく，多くの線と帯からなり，その間に間隔がある．その線は原子から発し，帯は分子から発するものである．

19世紀中期，すでにこのような光の線と帯からなるスペクトルは，真空のガラス容器の中に電極をさしこみ，それに高圧を加えると，そのとき現れる光に見られることが知られていた．その光は，容器の中に残っている原子と分子が，高速の電子に衝突して発するもので，その電子は高圧源に連結されたマイナスの電極から放たれるものであり，プラスの電極まで電流を運ぶ．この発光方法は現在ネオンサインで常用されている．

この発光現象を説明するために，中を真空にした細いガラス管に少量のネオンガスを入れ，その両端を高圧源に連結させる．すると電子は，ガラス管のマイナス極からプラス極へ流れ，途中にあるネオンの原子にぶつかりその内部状態を変化させる．この作用を励起と呼ぶ．励起されたネオン原子は長時間その状態を保つことができ

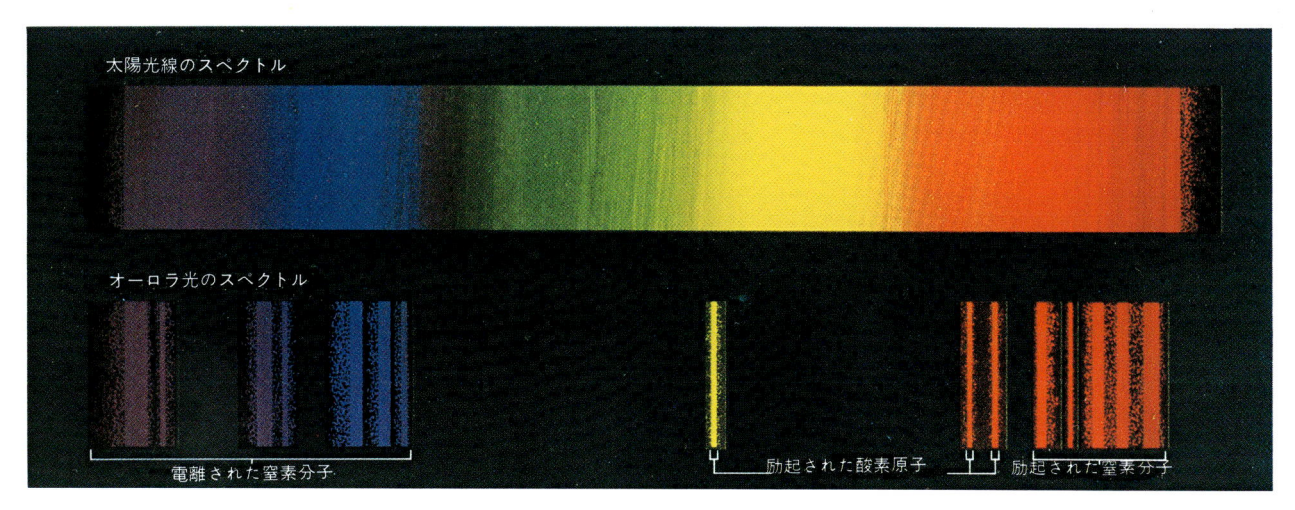

プリズムによって生じた太陽光線のスペクトルと，典型的なオーロラ光のスペクトルの比較．太陽のスペクトルは見なれた虹の色彩を表し，赤から紫への連続的な変化を表している．オーロラ・スペクトルの方は多色の線と帯よりなっている．

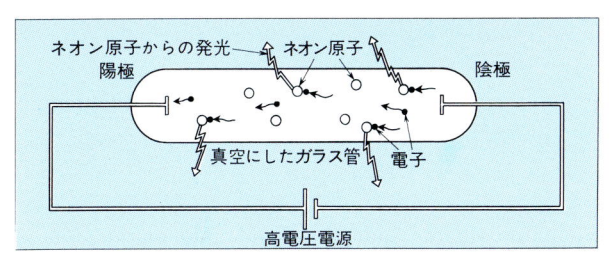

ネオン・サインの原理．真空にしたガラス管の両端に電極をつけ，高圧を加えると中のネオン原子が明るい赤色を発する．すなわち，放電現象である．

ず，基底状態，すなわち普通の状態にもどる．よく見るネオンの発光は，この基底状態にもどる過程で発光されるものであり，ネオン原子独特の色で，他の原子は発することができない．同様に，水銀の蒸気を管に密封して励起させると，明るい緑色を発光する．この光もまた他種の原子には発光することはできない．多くの原子および分子のスペクトルはくわしく研究されているので，今日では極地の上層大気の中でオーロラの光を発する原子と分子はたいてい見分けられるようになった．波長はオングストローム単位（1Åは0.00000001 cm）で定められている．

オングストロームはオーロラにもっとも多く見られる白っぽい緑色光が5,567Åの波長をもつことを発見した（現在の精密な測定では5,577Å）．この線はオーロラの緑線と呼ばれる．ところがオングストロームの発見当時（1868年）から，1924年頃までこの光はひとつの神秘であった．だれもこれを発する原子を発見できなかったからである．ようやく1925年になって，二人のカナダの物理学者が，この白っぽい緑光は酸素原子から発すること

オーロラ分子光学の最初の専門書（J.B. Capron: AURORÆ and THEIR SPECTRA, 1879）．

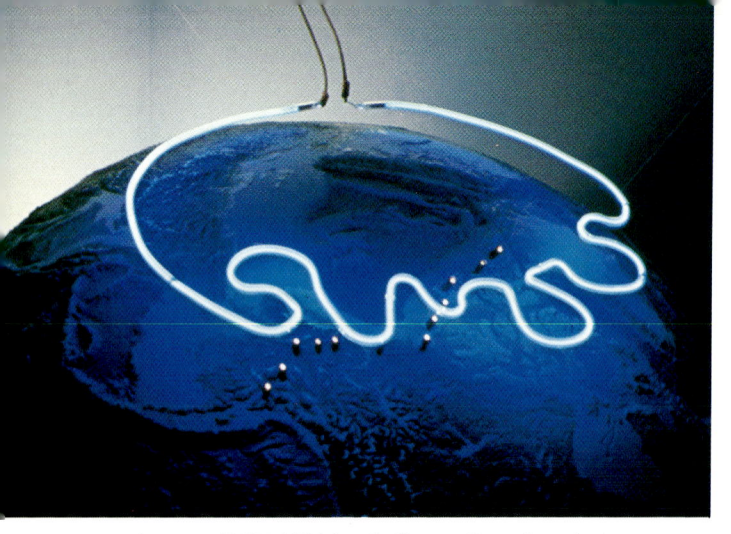

オーロラの放電は上層大気の中で起こる（M. Lockwood, アラスカ大学地球物理研究所）．

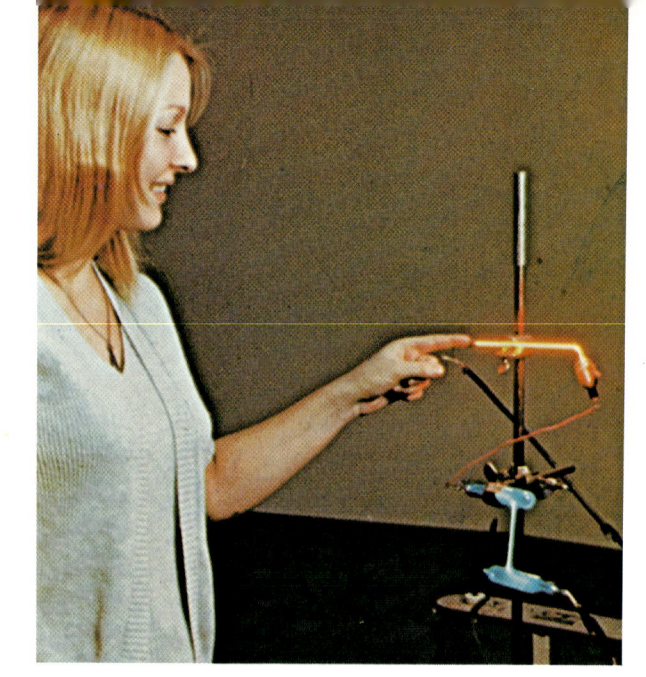

ネオン・ガスと水銀の蒸気を入れた放電管を高圧源に連結させると，それぞれ独特の光を発する（アラスカ大学地球物理研究所）．

を発見した．下層大気の中で酸素は分子の状態（$O_2$）で存在する．しかしながら，オーロラが現れる高度では，酸素分子はそれを構成する二つの酸素原子（O）に解離されている．酸素原子はまた暗赤色の光（6,300Å）すなわち，中世の人びとが非常な恐怖を感じた「血赤色」を発することがある．この線はオーロラの赤線と呼ばれる．

オーロラの活動がきわめて活発になると，ひだ状カーテンの裾が深紅色に染まる．これはオーロラの最も美しい色彩のひとつである．この光は帯状であるので分子が発し，その分子は窒素分子であると確認されている．

ノルウェーの科学者，L. ベガード（Lars Vegard）はオーロラ分光学の分野での先駆者であった．20世紀の前半にオーロラ光については，アメリカ，カナダ，スカンジナビア，ソ連その他の科学者によって精密に研究された．

オーロラ分光学から学べることは，オーロラは高エネルギー電子が極地の上層大気に突入して起こす「放電現象」であるということである．オーロラが現れる高度における大気の真空度は普通の電子管（トランジスタラジオ出現前のラジオ真空管，今日ではちょっと入手困難）

の真空度にほぼ相当する．それゆえ，上層大気全体がひとつの放電管であると考えてよい．高エネルギー電子が上層大気中に突入するとき，まず窒素の分子（$N_2$）と衝突して，電離と呼ばれる現象を起こす．その結果生ずるのは電離した窒素分子（$N_2^+$）である．高エネルギー電子は1回の衝突によってそのエネルギーのごく一部分を失うに過ぎない．したがって，さらにすすんで他の窒素分子との衝突を続け，行く先々で非常に多くの分子，原子を電離する．電離された窒素の分子は強烈な紫外光（3,914Å）を発するが，肉眼では見えない．

二次電子，すなわち，電離で放出された電子（$e^1$）もまた高いエネルギーをもっている．その二次電子が酸素原子（O）にぶつかると励起が生じ，それが基底状態にもどるときオーロラの緑線を発する．

第一次の電子のエネルギーが非常に高いときは，高度約90Kmまで突入可能である．しかし90Kmの高さになるとそのエネルギーはほとんど失われてしまうので，窒素分子を電離することは不可能となる．しかしそれでもなお窒素分子を励起し，深紅色を発光させることはできる．

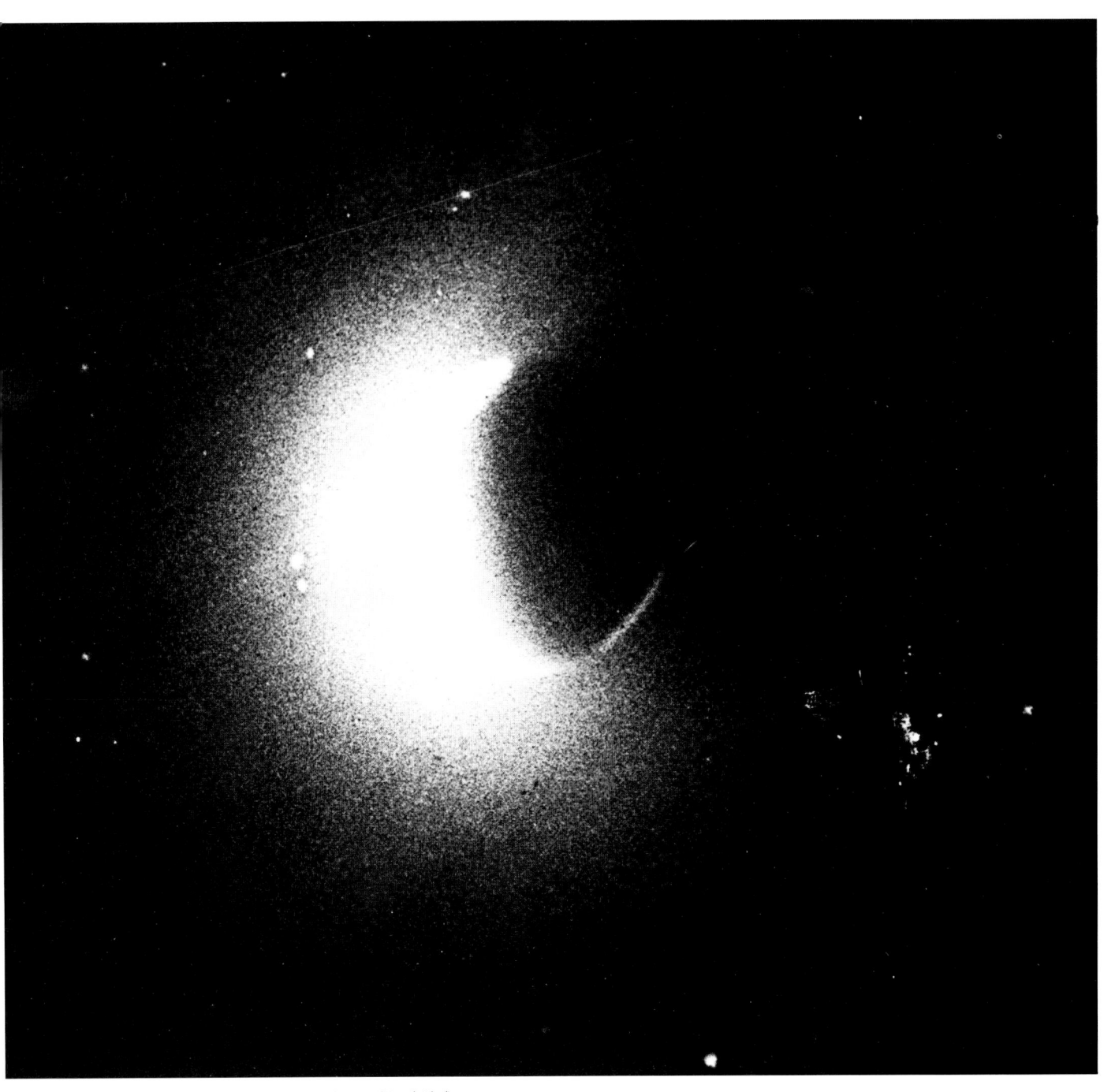

アポロ16号による観測中に，宇宙飛行士たちが月から撮った地球の紫外線写真．北極光（上部）と南極光（下部）が見られる（G.R. Carruthers and T. Page）．

ノルウェー北部で観測中のオーロラ分光学の先駆者，L. ベガード (Lars Vegard)．装置はオーロラ・スペクトルグラフと称するもの（オスロ大学）．

A.J. オングストローム (Anders Jonas Ångström)．オーロラのスペクトルが，太陽光線スペクトルとは大きな相違があることを発見した (W. Stoffregen)．

オーロラの「血赤色」は，酸素原子が発するものである．大磁気嵐のときにはこの色がかなり強くなる．このすばらしい写真から，この種のオーロラが中世に非常な恐怖をまきおこした理由がよくわかる（アラスカ大学地球物理研究所）．

オーロラのもっとも美しい色のひとつ．本図のような深紅色はオーロラ・カーテンの裾にある窒素分子が発光する（赤祖父俊一）．

　オーロラからパチッとかシューなどという音を聞いたと報告する人が多い．たとえば，C.A.チャーント (Clarence A. Chant) は1923年，つぎのように述べている．

　　われわれはオーロラが北の方から始まるのを眺めていた．最初はなんの音もしなかったが，接近するにつれて，抑え気味のシューシューという音が聞こえてきた．もっと近づくにつれて，いっそうはっきり聞こえた．そして光のリボン，あるいは帯がちょうど頭上にきたとき，もっとも高い音になった．

　またもうひとりの観察者，D.M.ガーバー (D.M. Garber) は1933年，つぎのように記している．

　　その景観は実に畏怖の念を起こさせるものであった．犬ぞりのチームをとめて，私は1時間以上もそりの上に座して，この大奇観の不思議な美しさに心を奪われた．壮大な光線は頭の真上を通過するとき，はっきり聞きとれる音を発した．蒸気が洩れるときの噴流音に似ていた．

　　　　S.M. Silverman and T.F. Tuan : *Auroral Audibility*
　　　　（「オーロラの可聴性」）．Advance in Geophysics, Vol. 16（『地球物理学の進歩』第16巻）．H.E. Landsberg and J. Van Meighen (ed.), New York, Academic Press, 1973, pp.156-266.

　このような「現象」の研究には，まず，記録し分析しなければならない．ところが不幸にして，現代の進歩したオーディオ装置を用いてさえ，オーロラの音は録音できていない．1885年，早くもS.トロムホルトはつぎのように断言している．

　　こんな音が出る可能性は絶対に信じられないとは言わないが，思うに，なにか耳の錯覚あるいはなにかの誤解が原因で，オーロラの音への確信が生じたにちがいない．

　これまでの研究によれば，活発なオーロラが現れるときには，超低周波〝音〟を生じるが，その周波数が低すぎて耳で聞き分けることは不可能である．
　オーロラは紫外線と赤外線の光およびX線も発するが，紫外線もX線も大気に吸収されて地上には達しない．オーロラはまたきわめて広い周波数にわたって電波を発する．これは電波の雑音と呼ばれるもので，人工衛星に積まれた電波受信機では聞けるが，地上の受信機では聞こえない．それは放送帯（500～1,600kHz）では非常に強いが，幸いに，電離層が反射してわれわれをこの電波雑音から守ってくれている．もし電離層がなかったら，ラ

(右と下) オーロラのもっとも普通の光,すなわち緑白色は,上層大気中の原子状酸素が発光することによる(赤祖父俊一).

フェアバンクス市上空に現れたオーロラ・カーテンで，とくに裾のピンクの光がよく写っている(M. Grassi)．

オーロラ・オーバル内で見られる赤いオーロラ．オーロラ・オーバル内にもオーロラは時々出現するが，この種のオーロラは極冠オーロラと呼ばれる．カナダ最北部上空で機上から写したもの（アラスカ大学地球物理研究所）．

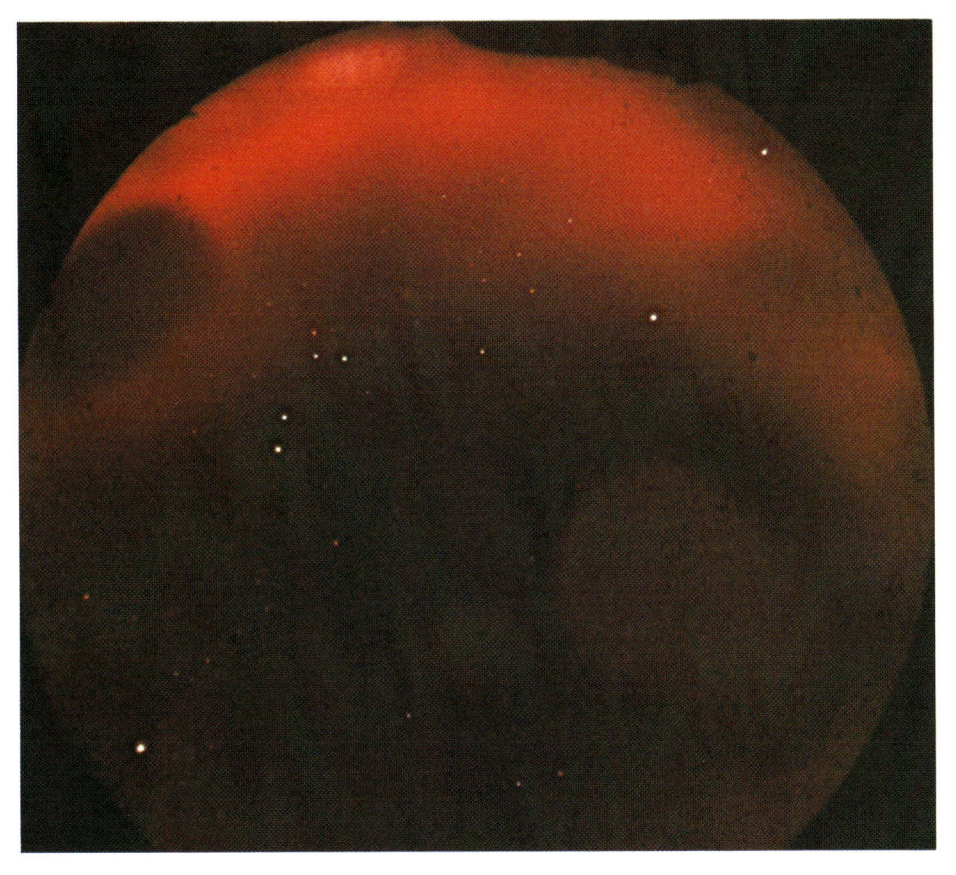

血赤色のオーロラ．1958年2月11日，強烈な地磁気嵐に伴って，極地はこの血赤色のオーロラにおおわれた（アラスカ大学地球物理研究所）．

血赤色のオーロラ．南極点で1972年8月3日真夜中に見られた血赤色のオーロラ（アラスカ大学地球物理研究所）．

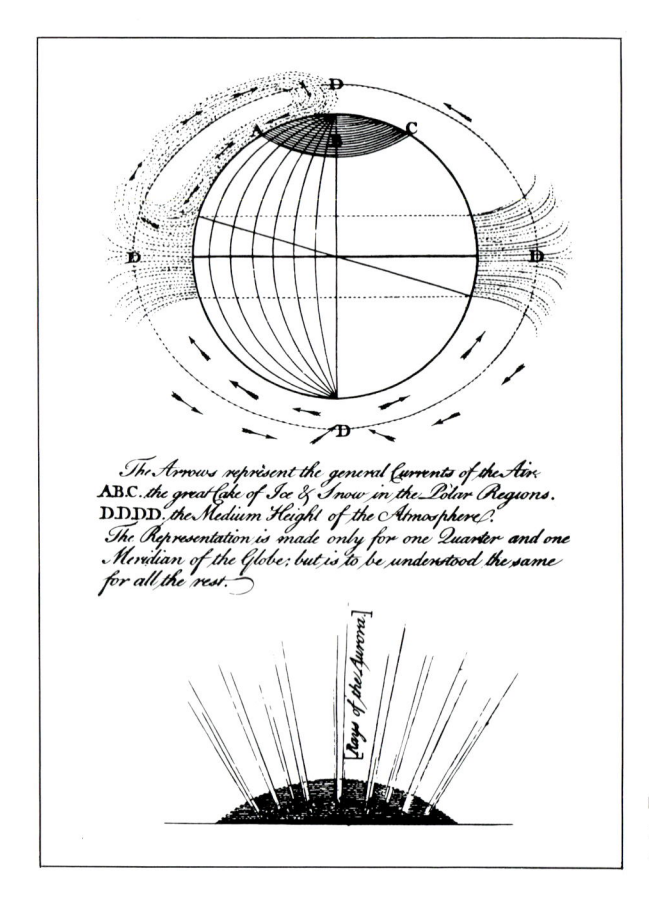

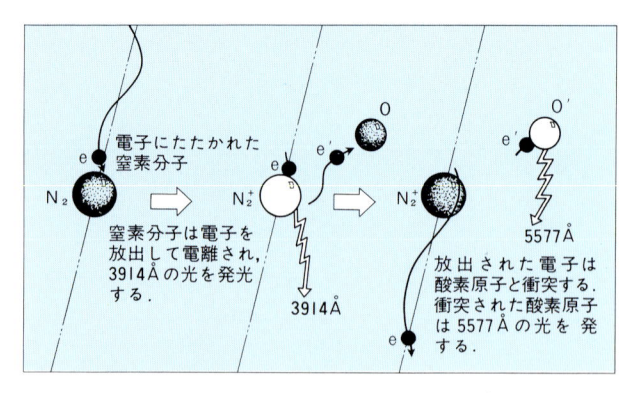

オーロラの発光機構．高エネルギー電子（e）が，上層大気の中に入り窒素分子（$N_2$）と衝突する．電子はその過程で分子中の電子（$e^1$）のひとつを「たたき出し」て分子を電離する．電離された窒素分子（$N_2^+$）は強い紫外線を発する．二次電子（$e^1$）もまた高エネルギーで酸素原子（O）と衝突し，酸素原子は「励起」されて緑線（緑白色）を発光する．その光をわれわれはオーロラとして見るわけである．

B. フランクリン（Benjamin Franklin）の考えによる大気循環とオーロラとの関係（フランクリン研究所）．

ジオは使用不可能であり，また，宇宙からこの電波を受信すれば地球は実に「騒々しい惑星」ということになるであろう．

　オーロラ研究の歴史を振り返ってみると，このあたりで国際地球観測年の成果がまとまったことになる．その資料をもとにして，オーロラ科学がほとんどオーロラ分光学でしかなかった時代から，やがて幕をあける磁気圏研究の重要な一部として，活躍を開始する時代へと移っていった．そして我々は，ついにオーロラを自然の大放電現象として把握するにいたる．太陽活動との定量的関係も明らかになってくる．さらにオーロラそのものが，宇宙電磁気学の重要な仮定のいくつかにあやまりのあったことを示してくれる．

　国際地球観測年というこの膨大な国際的地球研究の計画の基礎になったものは，オーロラ研究であるといっても過言ではない．それ以前，オーロラや地磁気現象を中心として 2 回ほど，準国際的な規模で地球の研究が行われてきた．それを拡張して電離層，宇宙線はもとより地震，火山，氷河，海洋，気象の全般にわたる地球研究の計画がたてられた．また，やがてくる宇宙時代の夜明けにも後述するようにオーロラを研究すべく人工衛星が計画された．

　さらに，木星探査船パイオニア号，ボイジャー号のテレビ装置の研究課題の一つが，木星のオーロラを発見することであった．したがって，オーロラは常に人類の未知の探求への原動力の一部になっていることは，おもしろい．

# 5 オーロラの謎を解く

オーロラの動力による「フレッドの電気育児室」
(T.W. Knox: *The Voyage of the Vivian*, 1884).

　以上で，上層大気の中の原子と分子が高速の電子に衝撃を受けるときオーロラが発光することが明らかになった．では本章において，オーロラが地球を取り巻く巨大な放電現象であることを確認することにしよう．この放電はどのようにして行われるか？　空のどんな作用が発電機のように働いて，この壮観きわまりない自然現象に電力を供給するのか？　オーロラの放電に費やされる電力は約10,000億W，すなわち年間90,000億kWhである．これは，実に現在アメリカの年間電力使用量を越える量である．

　すでに19世紀の頃，オーロラは電気的自然現象に相違ないと確信し，オーロラ電気の実用について可能性を考えた人びとがあった．

*The Voyage of the Vivian*(『ビビアン号の航海』)の表紙.

　「暇ができたら，北極光の電気を使って実用的な仕事をする機械を考案しよう．それで家や街路に電燈をともす発電機を動かす．今日使用されているいろいろな機械類を運転させて蒸気にとって代わらせよう．電気が植物栽培に使用できるかもしれないと考える者がいるが，この機械を菜園の促成栽培に使うのだ．またこれで，現代政治家や議員らの頭脳を発育させ，もっと賢明かつ善良で現実に役立つ人間に改良する．ニワトリにはもっとたくさんの卵を産ませ，牛には乳の代わりにクリームを出させる．樹には金や銀の実をならせる．涙の滴をダイヤモンドに変化させる．オーロラの電気が自由に使えるようになったら，すごいことがいろいろ可能になるよ」

　「うん」とフレッドが相づちをうった．「赤ん坊は育児室から出して電気で育てよう．その方が普通の食品より栄養があるだろう．オーロラの栄養で育った巨人がどんどん世の中に現れると，普通の人間は恐怖で震えあがるだろう．ようく考えてみようぜ．できることみんな考えてみよう．」

Thomas W. Knox: *The Voyage of the Vivian*
(『ビビアン号の航海』), 1884.

活発なオーロラ・カーテンは，その裾の末端が深紅色になる．写真はフェアバンクスのファマーズ・ループ近くの教会で撮ったもの（赤祖父俊一）．

オーロラの放電原因について昔の考え方は単純なものであった．ベンジャミン・フランクリン (Benjamin Franklin) がオーロラの放電説を提唱したのはとくに意外ではない（凧をあげ雷が電気現象であることを確かめた人であったから）．かれは大気に循環運動があると考え，電気は極地方に運ばれて雪片とともに沈積し，それで地上にたまった電気が上方へ放電されてオーロラが起こる，と説いた．

フィンランドの科学者であるK.S.レムストローム(Karl Selim Lemstrom; 1838～1904)は初めて実験室でオーロラ現象の模擬実験を試みた．オーロラは放電作用から起こるとかれは確信していた．そこで上層大気の代わりに1組の放電管を，その下に地球の代わりに1個の鉄球を置いたひとつの装置を考案した．そして高圧の発電機の一方の端子を放電管に，他方の端子を鉄球に接続した．1879年ロンドンでこの装置を公開して実験を行ったとき，かれの予言どおり放電管の中に輝きが現れたと報告されている．しかしながら，レムストロームには，自然のオーロラを起こすのにどんな作用が発電機の働きをするのか，まったく見当がつかなかった．

オーロラ科学の新時代はノルウェーの物理学者 K.ビァカラーン (K. Birkeland) によって開かれた．かれはノルウェー北部で広範な観測を行い，きわめて困難な情況のもとでいくつかの観測所を創設した．かれはオーロラの高度測定はもっとも重要な研究のひとつと考えた．また，オーロラ・カーテンに沿って流れる100万A以上の強烈な放電電流についても深い関心をもった．この電流は地上に激しい磁気擾乱を起こす．ビァカラーンは，太陽が電流の源泉であり，それが高エネルギー電子によって運ばれると考えた．この構想を証明するために，大型の真空函をつくり，その天井から螢光性物質を塗って磁性を与えた鉄球をつるし，その周囲に起こる放電現象を研究した．そしてある条件の下では発光する輪が極の周囲に現れることを証明できた．それは電子線が輪の地域に"ぶつかる"ことを示すものであり，これでオーロラ帯の再現に成功したものとビァカラーンは考えた．しかし，現在ではつぎに述べるようにもっと複雑な機構があることがわかっている．ビァカラーンのおもな関心は，地球周

ある探険家たちは，オーロラの深紅色を，雪をいただいて朝日に輝くアルプスの峰のバラ色として引き合いに出している．写真は天頂から西の地平線にひろがる活発な帯状オーロラの西半分（赤祖父俊一）．

S.トロムホルトの著書 Under the Rays of the Aurora Borealis（『北極光の下で』）の表紙．

辺での電子線の動きであり，太陽からどのようにしてかれの仮定した電流が発生するかということにはとくに注意しなかった．

　ここで再びS.トロムホルトの『北極光の下で』から引用すると，「確信をもって言えるが，北極光は電気的なもので，地球の磁気と密接なつながりがある．しかし世人一般はこの説明では満足しない．それは電気と地磁気に関するかれらの知識が，オーロラそのものと同様あいまいであるからにちがいない．」 実際にはそう述べるトロムホルト自身もなにひとつわかってはいなかった．オーロラ専門研究者でさえ，今から約10年前までは同じことであったといえよう．

　過去10年間の研究によりオーロラの理解は劇的な進展を始めた．科学者は現在では，オーロラ現象を太陽風‐磁気圏の発電機から動力を得る放電という観点により研究している．

　つぎに，オーロラ放電に動力を供給するこの大発電機を簡単に調べてみることにしよう．まず，どんな発電機でも，二つの要素が必要である．すなわち，電導体と磁場である．電力を起こすには導体が磁場の中で動いて起動力を生じなければならない．普通の発電機では，磁場の中を針金コイルでできている電機子が回転する．電機子を回転させるには水力か蒸気力を使用する（蒸気力をつくるためには重油，原子力などが使われる）．

　地球の磁場がオーロラ発電に必要な一要素であることは想像に難くない．それならば，電導体の役割を果たし

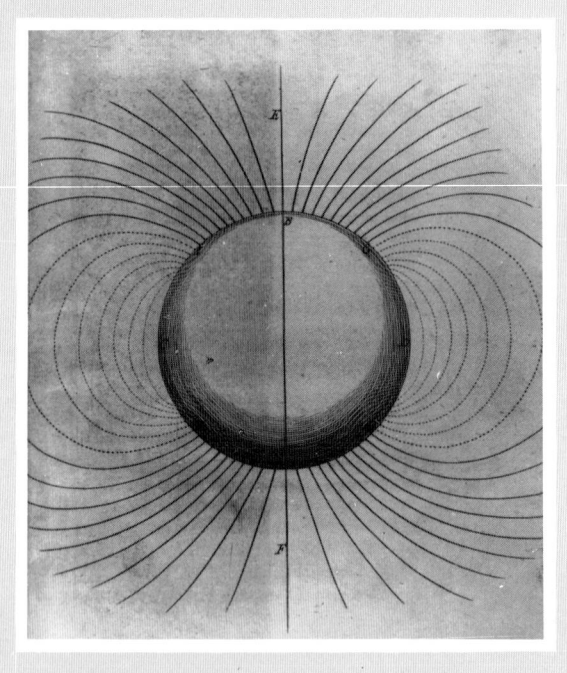

(左) エドマンド・ハレー (Edmund Halley) が描いた地球磁場の図解. 16世紀に初めて地球の磁場を研究したのは, W. ギルバート (William Gilbert : 1544～1603). かれはエリザベス1世の典医で, 当代の最も著名な科学者. 1600年出版の著書の中で,「地球そのものが巨大な磁石である」と断言した. それより1世紀少し後, 1716年にE. ハレーは――かれの名がついた大彗星の発見者としてもっとも深くわれわれの記憶にとどまる人であるが――地球の磁場について第二番目の精密な研究を行った. ハレーの図では, 実線と点線がそれぞれ想像上の磁力線を示している. 磁石を鉄粉を散布した紙の下におくとき, 鉄粉がこの想像上の磁力線に沿って整列する.

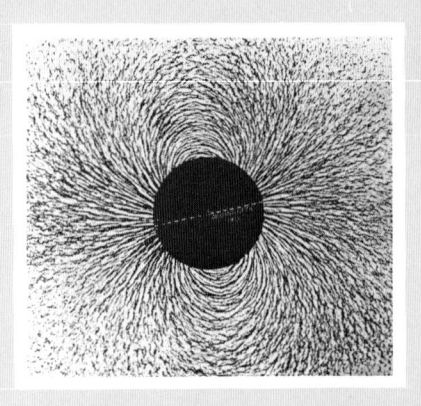

磁力線・鉄粉を散布した紙の下に磁石をおくと, 鉄粉は磁力線と呼ぶ虚線に沿って整列する (Chapman and Bartels: *Geomagnetism* 〈地磁気〉, 1940).

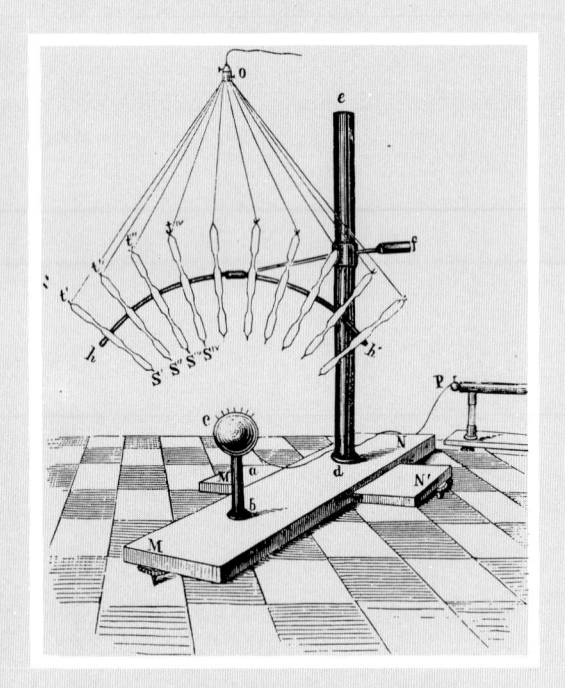

1879年, レムストロームがオーロラの模擬実験を試みるために考案した装置 (S. Lemstrom: *L'Aurora Boreale* 〈北極光〉. パリ, 1866).

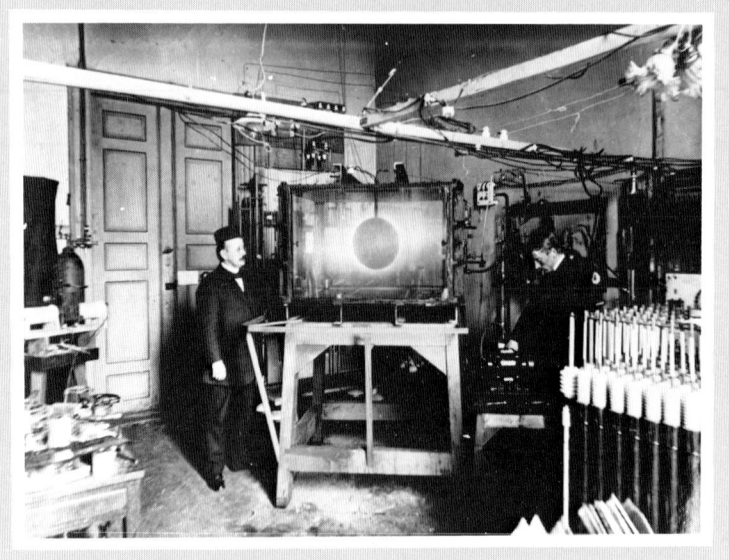

実験室におけるノルウェーの物理学者, K. ビァカラーン (Kristian Birkeland) (左) とその助手・O. デビーク (Olav Devik) が, オーロラ帯を再現しようと試みた時の大きな真空凾が見える (オスロー大学).

コホテーク彗星は，多くの彗星のように，地球の回りにできる磁気圏と呼ばれる空洞に似た形をもっている．この空洞は，太陽風が地球の周辺を「吹く」ときに生ずる（ヘイル天文台）．

うるものはなんであろうか？　それは太陽風，すなわち同数の陽子と電子から成り，太陽から流れ出る高速の荷電粒子流である．さらにくわしく言えば，発電機の導体に相当するものは，コロナと呼ばれる太陽大気の最外部であり，皆既日蝕のときにかくれた光球の周囲に美しい光となって現れるものがそれである．コロナは非常に高温（100万℃）であるために，コロナをつくっているすべての原子と分子は電離されている．それゆえ荷電粒子となっており，その流れは電導体である．なおその上，太陽風には太陽に源をもつ磁場が含まれている（太陽黒点は強力な磁場をもっている）．太陽風の中の磁力線は，太陽風が太陽から吹き出すにつれて引き伸ばされ，あるいは，運ばれているものと想像することはむずかしくはない．太陽風のような荷電微粒の気体は，同数のプラスの粒子と，マイナスの粒子（電子）より成っているので，プラズマと呼ばれる．このプラズマは「物質の第四の状態」といわれるものである．第一から第三の状態は，固・流・気体である．

太陽風が太陽から吹き出して地球の近くに達すると彗星形の空洞が地球の周辺に形成される．これは地球の磁場が太陽風に対して見えない障害物となるからで，太陽風はこの障害物の周囲を流れる．このようにしてできる空洞は磁気圏と呼ばれる．地球から空洞の鼻先までの距離は約65,000 km である．

もしここで太陽風が太陽から磁場を運び出さないと仮定すると，空洞ができる以外になにも起こらない．オーロラも起きない．すなわち太陽風の磁場はオーロラに決定的な役割を演ずる．これは，実はわずか10年前にやっと理解され始めたことである．では，この太陽風磁場の役割をみてみることにする．まず，太陽風中の磁力線が地球の磁力線の一部分と連結する．北極点を中心とする極冠と呼ばれる円形の地域を考え，そこから出ている磁力線の一束（うどんの束のようなもの）を考えてみよう．その束は空洞の中でじょうご形に広がり，磁気圏の外郭を横ぎって太陽風の磁力線に連結している．

ところで，さきに述べたとおり，太陽風は磁気圏の外郭に沿って吹くから，この連結された磁力線を横ぎって吹くはずである．発電が起こるのは次のような仕組みに

地球の磁場と太陽風の相互作用の解明は，科学界の二人の先駆者の卓越した貢献によるものである．そのひとりは物理学者S.チャップマン（Sydney Chapman）である．かれは弟子のV.フェラロー（Vincento Ferraro）とともに，1931年に初めて磁気圏形成を理論づけた．1953年オックスフォード大学を停年退職した後，かれはアラスカ大学地球物理研究所の科学顧問理事となったが，その後，国際地球観測年の総裁として，この大協力事業を大成功のうちに終わらせた．

　チャップマンはオーロラ科学者の中では伝説的な存在で，かれについて数百もの逸話が伝えられている．そのひとつをカリフォルニア大学・ロサンゼルス分校（UCLA）のJ.カプランがつぎのように語っている．

S.I. Akasofu, B. Fogle and B. Haurwitz (eds.):
*Chapman, Eighty, from His Friends*
（『チャップマン，80歳——友人より』）．
Atmospheric Research, 1968, p.101.

　　シドニー・チャップマンとの初めての出会いは1932年頃で，パサディナ高速道路ができるずいぶんと前であった．当時あの道があったら，カリフォルニア工科大学（Cal Tech）に行き，シドニーをつれてUCLAまでもどるドライブははるかに簡単であっただろう（当時チャップマンは，パサディナのCal Techに滞在していた）．わたしの記憶によれば，シドニーはわたしの実験をぜひ見たいとかねがね話していた．それは窒素と酸素の混合気体の永続する残光の中に，オーロラの緑光が出たからであった．
　　パサディナからウェストウッドまでの長いドライブの間，わたしは交通信号器よりも，オーロラと夜光の議論の方にすっかり気をとられていたので，交通巡査に呼びとめられ，赤信号を無視したと注意されたのも仕方がなかった．わたしは警官にむかって，チャップマン教授とわたしはオーロラ緑光の話に夢中になっていたので，緑色しか念頭になかったと言い訳した．警官はこの弁解をおもしろがったが，召喚状を渡すことは忘れなかった．シドニーの要請に従い，市役所に行って罰金を払った．

　スウェーデンのストックホルムにある，王立工科大学のH.アールベイン（Hannes Alfvén）は，1970年電離気体物理学への重要な貢献に対してノーベル物理学賞を授与された．太陽風によって運ばれる磁場を重要視した最初の人であった．
　アールベインは宇宙電気力学の分野における先駆者のひとりとして，その独創的な学説で高く評価されている．かれの学説はどれも，発表当時あまりに時代に先駆していたため，すぐには認められなかった．それ故，自説を理解されるのにおおいに苦労しなければならなかった．たとえば，最近では，太陽の磁気赤道面は平面ではなく波形構造である，ということを最初に提案したのはかれであるが，これを発表したとき，回転運動をするバレリーナのスライドを映写し，太陽の磁気赤道面は扇形にひろがるひだ付きスカートのようなものだと説明した．
　バン・アレン放射帯の発見者，J.A.バン・アレン（James A. Van Allen）は宇宙科学先駆者のひとりである．この放射帯を発見する前から，かれはオーロラの神秘に深い感銘を受け，なんどもロケットによる測定を行ってオーロラの中に電子の流れがあることを発見した．かれのバン・アレン帯の発見は，このオーロラの電子流の源を探求しようとしたことによる．バン・アレン帯が発見されたとき，多くの研究者はオーロラの神秘は解明されたと考えたが，その後の研究によってバン・アレン帯の起源は宇宙線であり，オーロラに直接の関係がないことがわかった．

アフリカ上空の皆既日蝕の際，超音速機コンコルドから撮ったすばらしい太陽コロナの写真 (W. Regan and S. Stone, ロスアラモス科学研究所).

シドニー・チャップマン．太陽地球物理学の先駆者．オーロラ学者の中の伝説的な存在（アラスカ大学地球物理研究所）．

H. アールベェイン．ノーベル賞に輝く科学者．アラスカ大学地球物理研究所訪問の際に，熱のこもったセミナーを行っているところ（アラスカ大学地球物理研究所）．

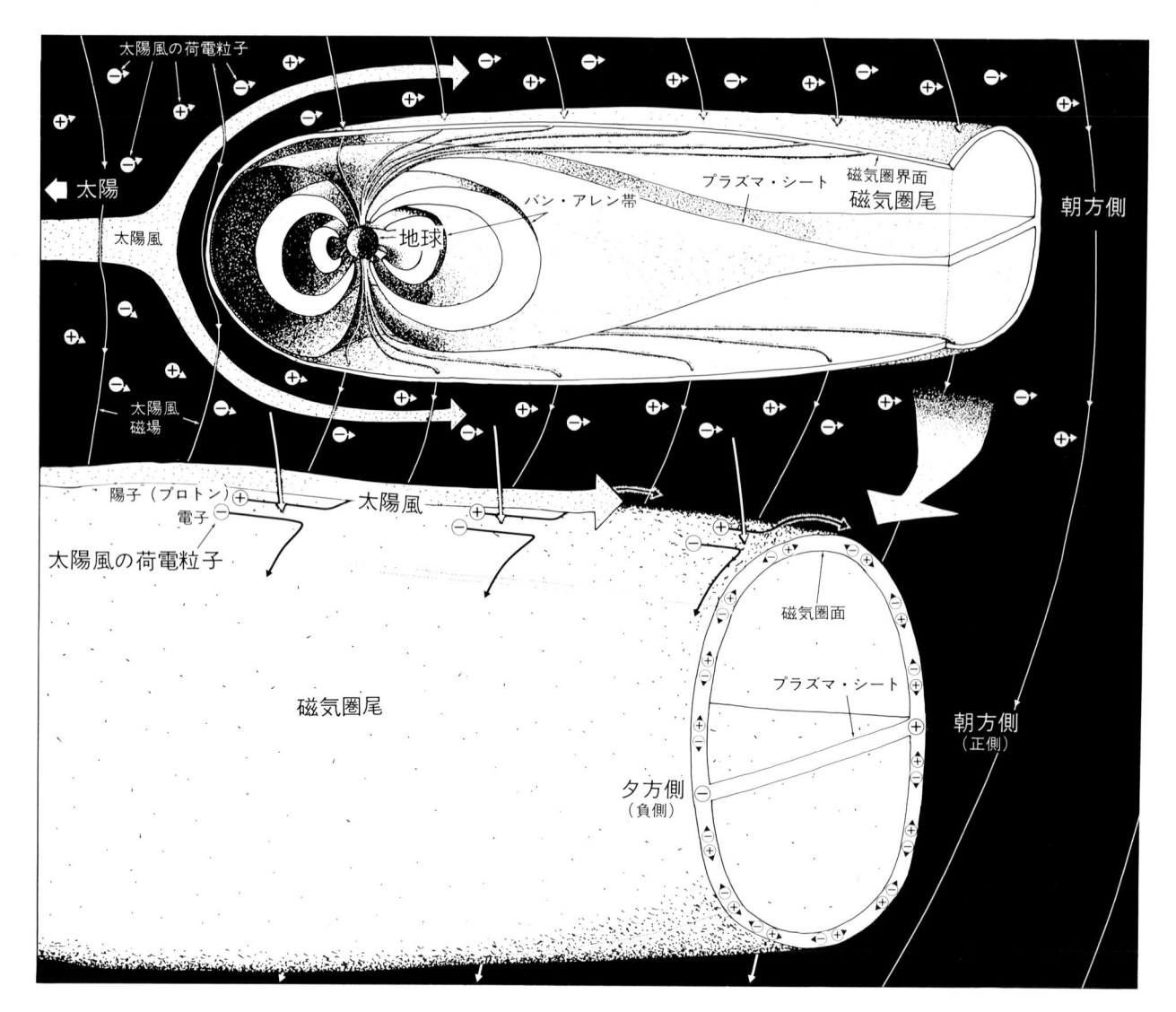

発電機としての磁気圏．太陽風粒子は磁気圏の周辺を吹き，彗星型の空洞，すなわち磁気圏をつくっている．したがって磁気圏は，まるい先をもった円筒（すりこぎまたは野球のバット）に似ている．その中には，たとえば，バン・アレン帯とプラズマ・シートのような，興味ある構造がある．バン・アレン帯はドーナツ型で，その夜側は平たくなり，プラズマ・シートとよばれる薄い層をつくっている．地球は磁気圏の頭部の近いところにある．磁気圏は太陽と逆の方向に，少なくとも地球半径の1,000倍の長さほどのびている．この部分は磁気圏尾とよばれる．この説明図は，磁気圏尾の境界面（磁気圏界面）での太陽風粒子の運動を精しく調べるために，磁気圏尾を切開したものである．太陽風は陽子（＋）と電子（－）よりなる．これらが磁気圏界面に沿って吹くとき，磁場によってその運動方向が変えられる．陽子は南北両半球で朝側に向かって磁気圏界面の周囲を動く傾向がある．その結果，プラズマ・シートの朝側はプラスに充電される．これに反して，電子の方は，両半球において夕方側に向かって磁気圏界面の周囲を動く傾向がある．その結果，プラズマ・シートの夕方はマイナスに充電される．これが太陽風-磁気圏発電機の基本である．

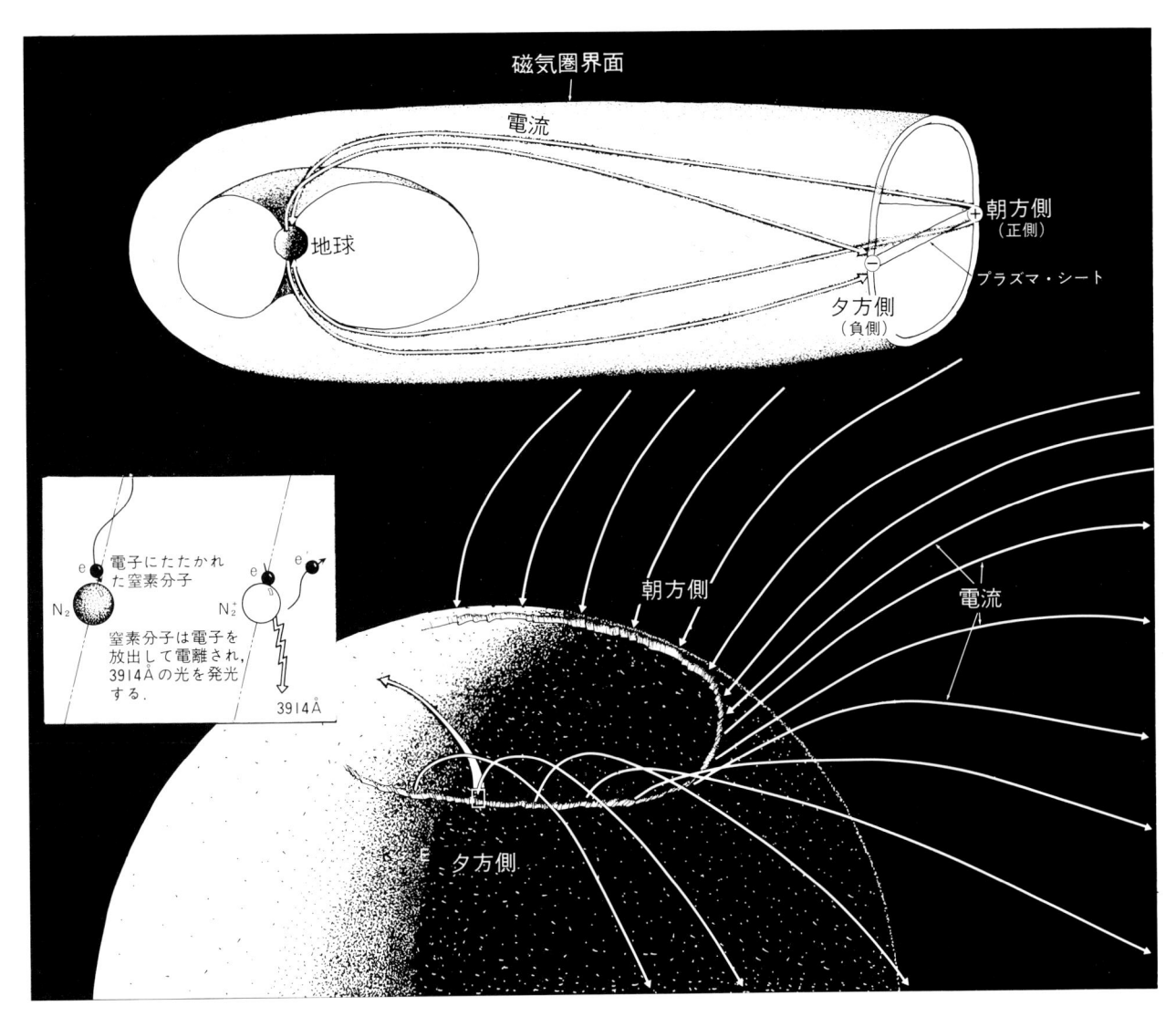

オーロラの電気回路．プラズマ・シートの朝側は太陽風-磁気圏発電機のプラスの「端子」となる．プラズマ・シートの夕方側はマイナスの「端子」となる．電流は朝側のプラスの端子から地球（極地上）に流れ，夕方側では地球からマイナスの端子へ流れる．地球を間近かに眺めると，オーロラ・カーテンが見える．そこでは，太陽風-磁気圏発電機から電流が，極地上層大気に流れこみ，また流れ出ている．夕方側では，電離層から上方に流れる電流が下降する電子によって運ばれる．それが上層大気中の微粒子を電離または励起する．オーロラの光はこのような作用による発光である．

J.A.バン・アレン．バン・アレン帯の発見者で宇宙科学先駆者のひとり．写真はアメリカ最初の人工衛星のひとつに，かれのガイガー計数管（放射能測定器）を乗せるのに先立ち別れのキスをしているところ（アイオワ大学）．

よる．すなわち，電導体（太陽風）が磁場を横ぎって動くからである．実際，磁気圏の全外郭が発電機，すなわち太陽風‐磁気圏発電機になっている．MHD発電機と呼ばれる人工の発電機があるが，これも同一の原理で働くのである．この機能によって発生する電力は約10,000億Wで約100,000Vと推定される．

発電機には2個の端子が必要である．ここに示す太陽風‐磁気圏発電機では，プラスの端子は磁気圏の境界面の朝側にあり，マイナスの端子は夕方側にある．発電機によって発電された電力を極地の上層大気で放電させるためには，上層大気は「電線」によって両端子に連結されていなければならない．ところが，磁気圏をみたす希薄プラズマの中では，電流は磁力線に沿って流れるので，磁力線が「見えない電線」となって，発電機でできる電力を極地の超高層大気に導く．ところで，前に述べたように極地方（極冠と呼ばれる）からの磁力線の束は，太陽風の磁力線に連結されている．この磁力線の中でその束の表面を構成する磁力線だけが発電機の端子に連結されている．したがって，電流は極冠からの磁力線の束の表面に沿ってプラスの端子から超高層大気の方へ流れてマイナスの端子にもどる．この電流は主として電子によって運ばれる．これらの電子が上層大気の原子および分子と衝突するとき，オーロラの光のスペクトルのところで述べたように，その原子と分子が独特の光を放つ．それがオーロラとして見られるのである（p.84参照）．今，じょうご形の電子流が極冠から出る磁力線の束を取り巻いているのを想像してみると，このじょうごの地球側の端で電流を運ぶ電子が，上層大気と相互作用を起こして発光するのである．

以上の説明から二つのことがある程度明らかとなったはずである．第一は，なぜオーロラが光の薄いカーテンとなって現れるかであり，第二は，なぜオーロラが極の周囲の環帯，すなわち，オーロラ・オーバルに沿って現れるか，である．以上の発見はすべて，過去20年間にわたる人工衛星使用による地球周辺の電磁場の徹底的な研究によるものである．オーロラ電子の性質は計測器を積んだロケットの打ち上げによっても研究された．なおまた，電流は磁力線に沿って流れる電子によって運ばれる

（上）人工衛星「ベガ」は，ロスアラモス科学研究所で組み立てた多数の計測器を乗せ，磁気圏尾部を探査した（ロスアラモス科学研究所）．

（右上）オーロラ科学者は，オーロラを生ずる荷電粒子の性質をロケットに積んだ計測器で研究する．この図はオーロラ荷電粒子のエネルギースペクトルで，スカイラーク・ロケットに積まれた計測器によって測定されたもの．データはロケットがオーロラに入ると，刻々電波によって地上の追跡ステーションに送られた．ロケットの飛行時間（秒）が横軸に示されている．エネルギースペクトルのピークは，ロケットがオーロラに入ったとき記録された（D.ブライアン・アブルトン研究所，イギリス）．

（右下）陰極線管．陰極線管の働きとオーロラの機構にはかなりの類似性がある（アラスカ大学地球物理研究所）．

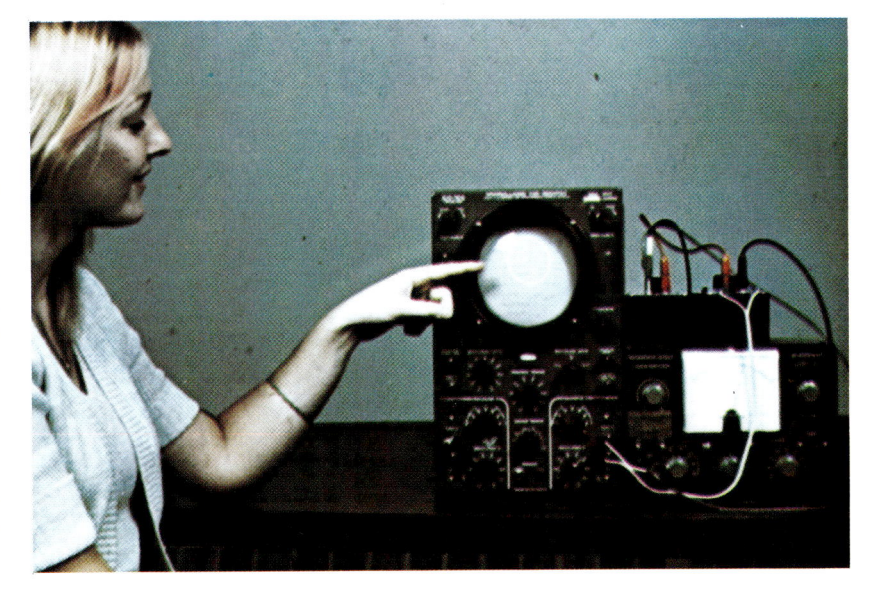

　から，オーロラ・カーテンは垂直にたれないでわずか南に傾斜しているのである．
　オーロラはブラウン管（陰極線管），すなわち，テレビ管との類似性を用いるとなお容易に説明できる．それはブラウン管が放電管の一種だからであり，実際，磁気圏をひとつの巨大なブラウン管と考えてもよい．ブラウン管の一端には高エネルギー電子線を発する一対の装置がある．陰極と陽極である．ブラウン管の他の端には映像面があり，その裏側には螢光物質が塗ってある．電子線が陰陽極から放射される螢光物質にぶつかって発光が起こる．映像面の前面からこの発光を映像としてみる．極地の上層大気はブラウン管の映像面に相当する．放電電流を運ぶ電子線が上層大気中の原子と分子にぶつかる．それによって生ずる発光がすなわちオーロラとなる．
　空には陰極も陽極もないが，最近の研究によると，極地方の上空約10,000kmのところに，それに相当する機構

95

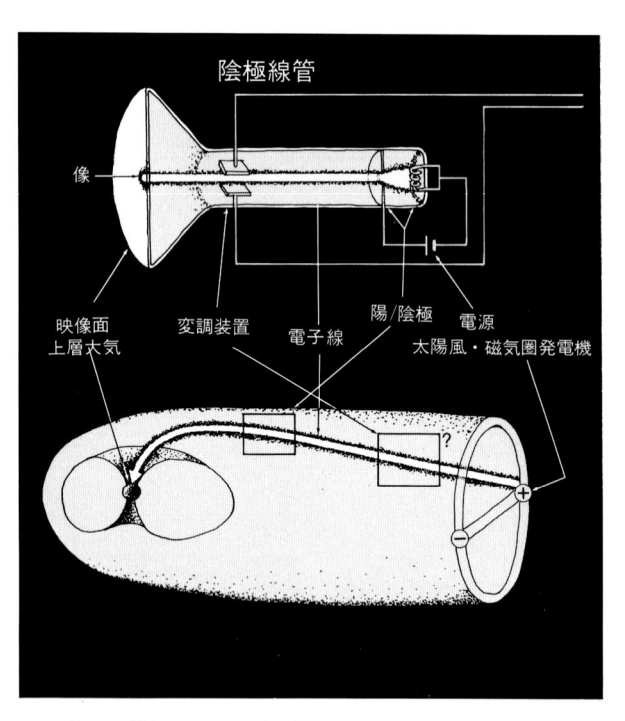

ブラウン管とオーロラ現象の類似．オーロラの物理的作用の謎を説明するためのブラウン管の諸種の構成要素．

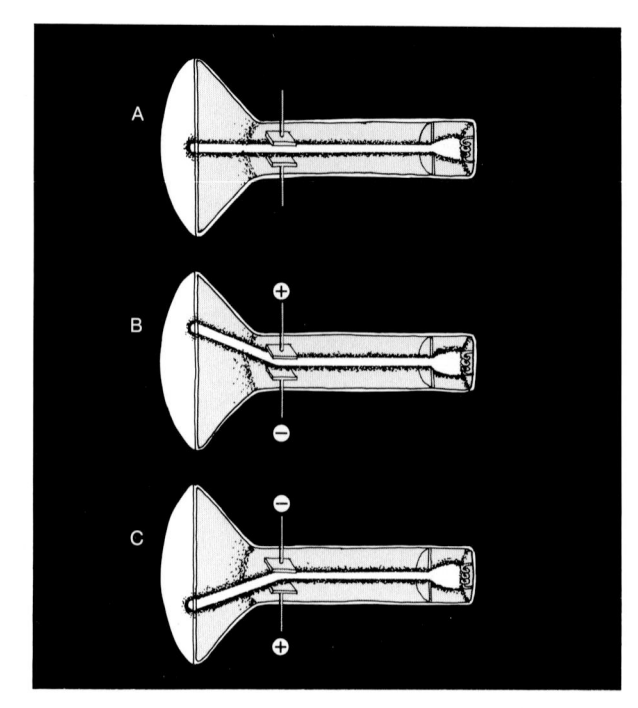

ブラウン管のスクリーンにおける映像の動き方．オーロラ活動は，磁気圏の中の電場と磁場の複雑な変化によって生じる．人工衛星と地上に配置された観測所から得られるデータに基づいて，この磁気圏の電磁場の嵐とオーロラの運動の研究が進められている．

があることがわかった．プラズマそのものが磁気圏で一種の陽極と陰極の働きをすることを発見したのは，実に意外であった．この構造をV字型ポテンシャル構造と呼ぶ．電子は，それを通過するとき加速されて数千電子Vのエネルギーを得る．電子は，上層大気の粒子と衝突してそのエネルギーを失うから，大気を貫通する深さは最初のエネルギーによって決まる．300電子Vの電子の貫通限界は高度約400kmである．3〜10kVのエネルギーをもつ電子は高度100ないし110kmの間で停止する．

オーロラは，単に空の一点に輝くのではなく，オーロラ・オーバルに沿って現れる．すでに説明したようにそれは極地方を取り巻く明るい環状の帯なのである．ブラウン管には，特定形の映像をつくるため，電子線が映像面に達する途中で変調されるように種々の装置がついている．すなわち，電場と磁場の両方を用いて，思いのままの映像を生じるように電子線を変調できる．これと同様に，地球の磁場と地球を取り巻く電場（太陽風-磁気圏発電機によって生じたもの）は，電子線を変調させ，オーロラ・オーバルに沿ってカーテン状オーロラを発生させる．

オーロラはきわめてダイナミックな現象である．時として激しい動きをみせる．それは，ブラウン管のスクリーンに映る映像の運動に相応するものである．ブラウン管の中では，映像のもっとも簡単な運動は二つの電極板の間の電場の強さを変えることによってつくり出すことができる．上の右図Bが示すように，上方の極板にプラス，下方の極板にマイナスの電圧を加えると，マイナスの電荷をもっている電子線は，プラスの極板に引きつけられ上方へ曲がる．そのため，映像面上の電子線の衝突点は上方へ移動するが，われわれの眼には，これが映像の上方への運動となって見える．同様に，両極性を換えて反対の電圧を両極板に加えると（図C），電子光線は逆

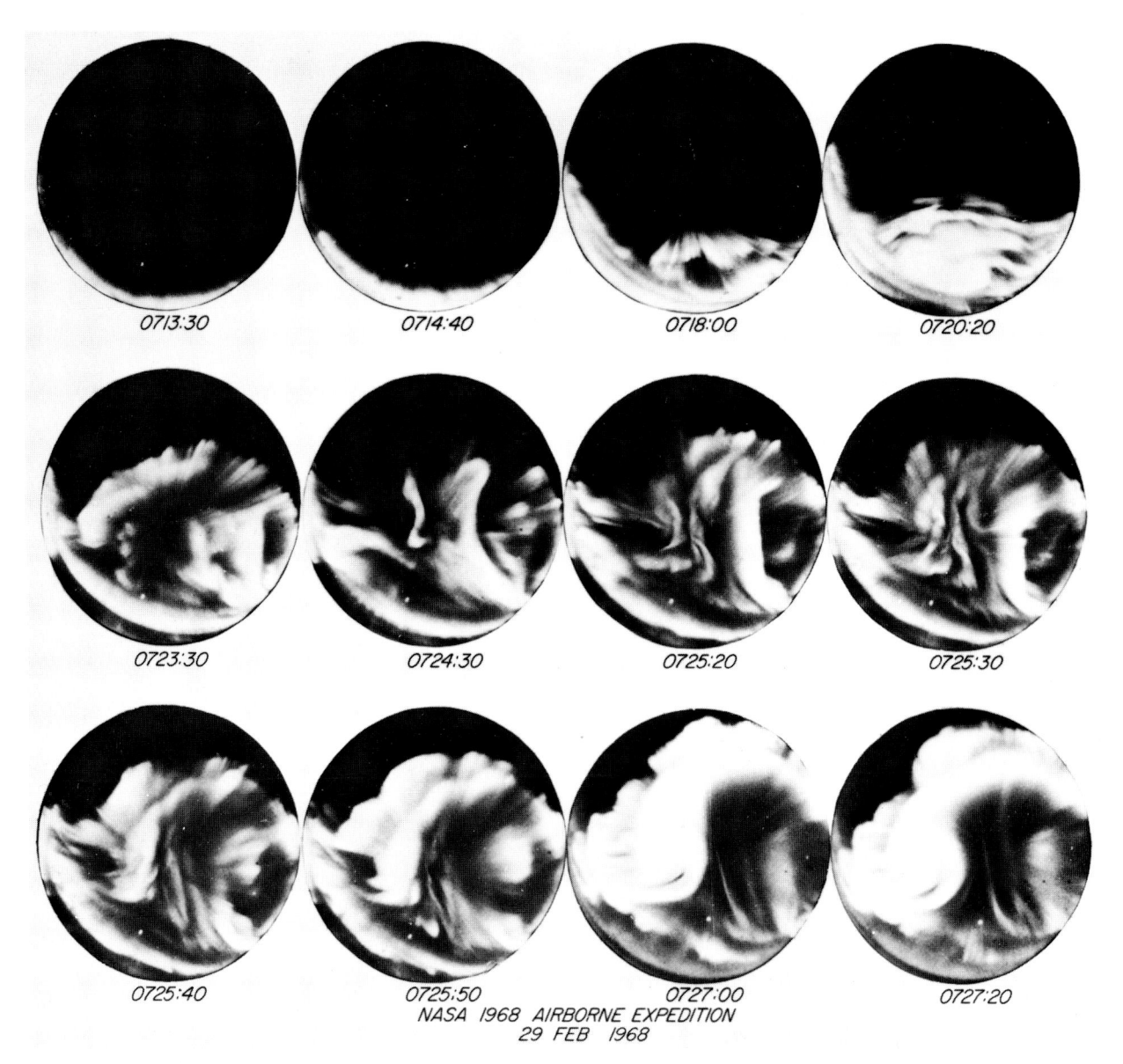

| 0713:30 | 0714:40 | 0718:00 | 0720:20 |
| 0723:30 | 0724:30 | 0725:20 | 0725:30 |
| 0725:40 | 0725:50 | 0727:00 | 0727:20 |

NASA 1968 AIRBORNE EXPEDITION
29 FEB 1968

NASAのジェット機，ガリレオ号から撮った全天写真．一連の写真は，オーロラ活動がきわめて迅速に空にひろがり，かつ，変化する状態を示している（アラスカ大学地球物理研究所）．

方向に曲げられる．そのとき映像は下方へ動く．このような電場の極性の変化は極板に交流電圧をかけることによってできる．電圧を極板に加えなければ映像は動かない（図A）．電極板の外に磁場を生じるコイルを用いて，同様に電子線を上下左右にそらすこともできる．

同一の原理により，オーロラの運動は，磁気圏の中の電場と磁場の変化によって生じる．最近オーロラの運動の研究に基づいて，磁気圏の磁場と電場の変化を推定することができるようになってきた．

初期の極地探険家たちが詳述しているように，オーロラの発光は変化に富み複雑きわまりないものである．しかしながら国際地球観測年の期間に一連の全天カメラを使用して撮った写真を詳しく分析した結果，オーロラの運動は複雑なうちにも規則性をもつことがわかった．し

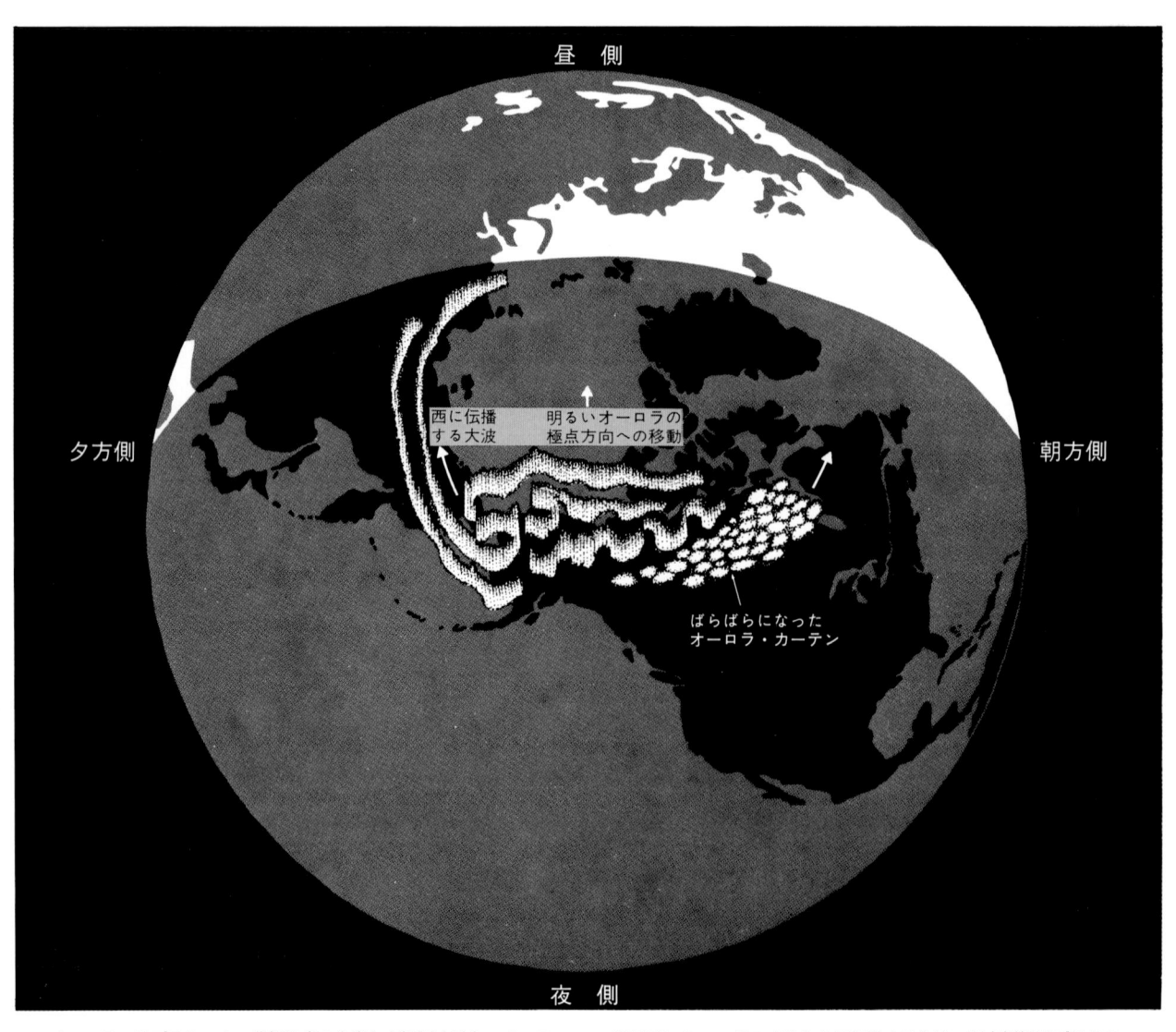

オーロラ・サブストーム．北極地方の上空から観測すると，オーロラ・サブストームのなかの基本的なオーロラ活動は，活発なオーロラ・カーテンが夜半領域において起こす迅速な極向きの運動，夕方側領域において起こす西向きに伝播する大波，朝方側領域で起きるカーテンがバラバラの射線になって散る現象からなる．

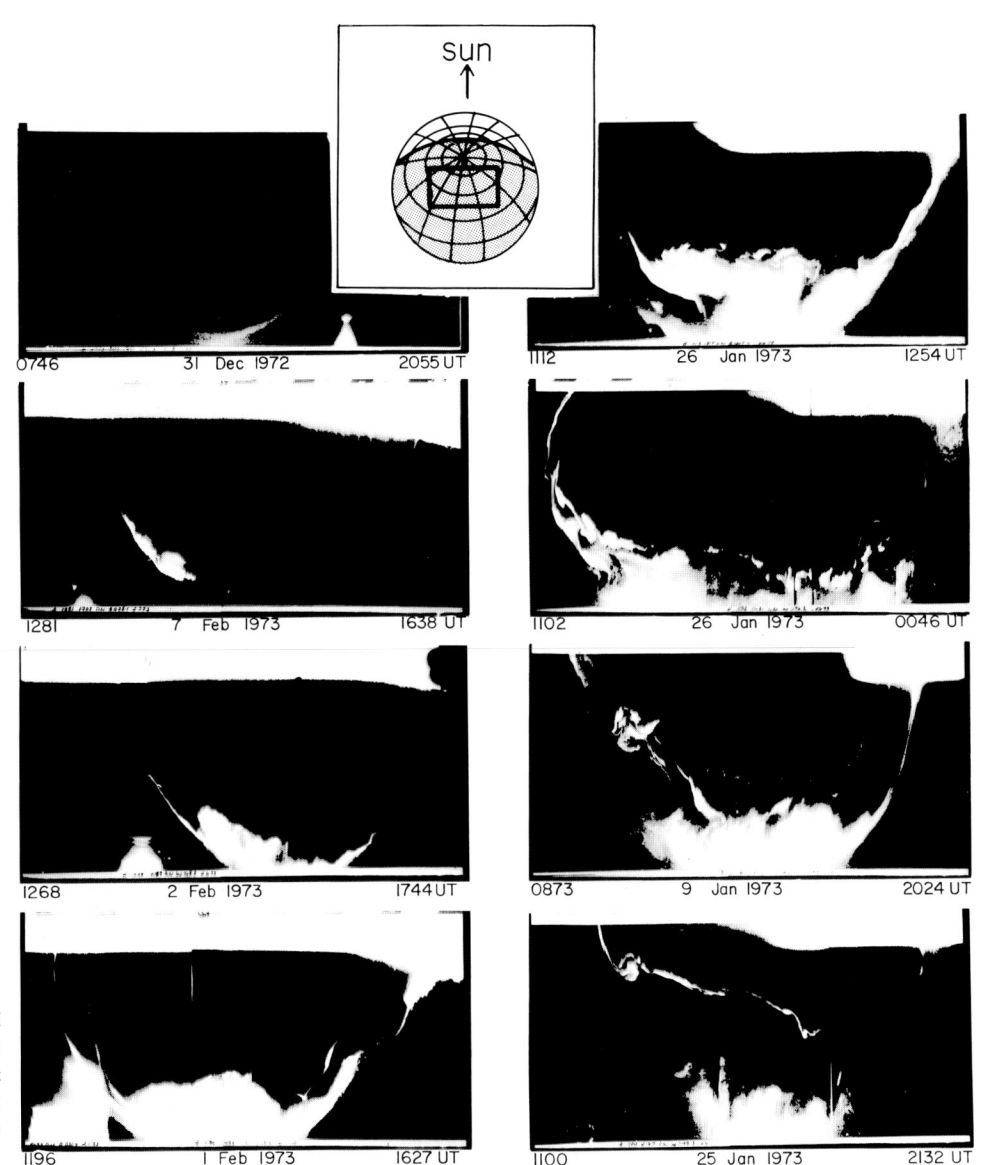

オーロラ・サブストームの発達. 人工衛星に乗り, 北極地帯の上空からオーロラの発光を眺めることができるならば, 図に示すようなオーロラ活動の発達を目のあたりにすることができるであろう (アメリカ空軍防衛気象衛星計画).

たがって, 磁気圏の中の電場と磁場は規則的な変化をしているにちがいない. 人工衛星と地上に配置された観測所から入手したデータの分析に基づいて, 地球周辺の電磁場の変化の研究を進めているところである.

もっとも普通に見られるオーロラの活動の最初の動きは, 夜半の空でオーロラ・カーテンが突然に明るく現れることである. その輝きが増すにつれ, 射線構造と波形の構造がはっきりしてくる. およそ数分後には, カーテンの北向きの運動が始まる. この北向きの運動によって, 西向きに伝播する大規模な波が生じ, それがオーロラ・カーテンに沿って迅速に動く. このような大波は深紅色をおびるオーロラ・カーテンのすばらしい渦巻き運動を起こす. しばらくして深夜と朝の空でオーロラ・カーテンはバラバラになって, 空一面に広がる. その後, すべてのオーロラ活動はいったん鎮まるが, またあらたな活動を同じように一夜のうちに数回繰り返す.

このような規則正しい準周期的なオーロラの活動をオーロラ・サブストームと呼ぶ. 典型的なサブストームは

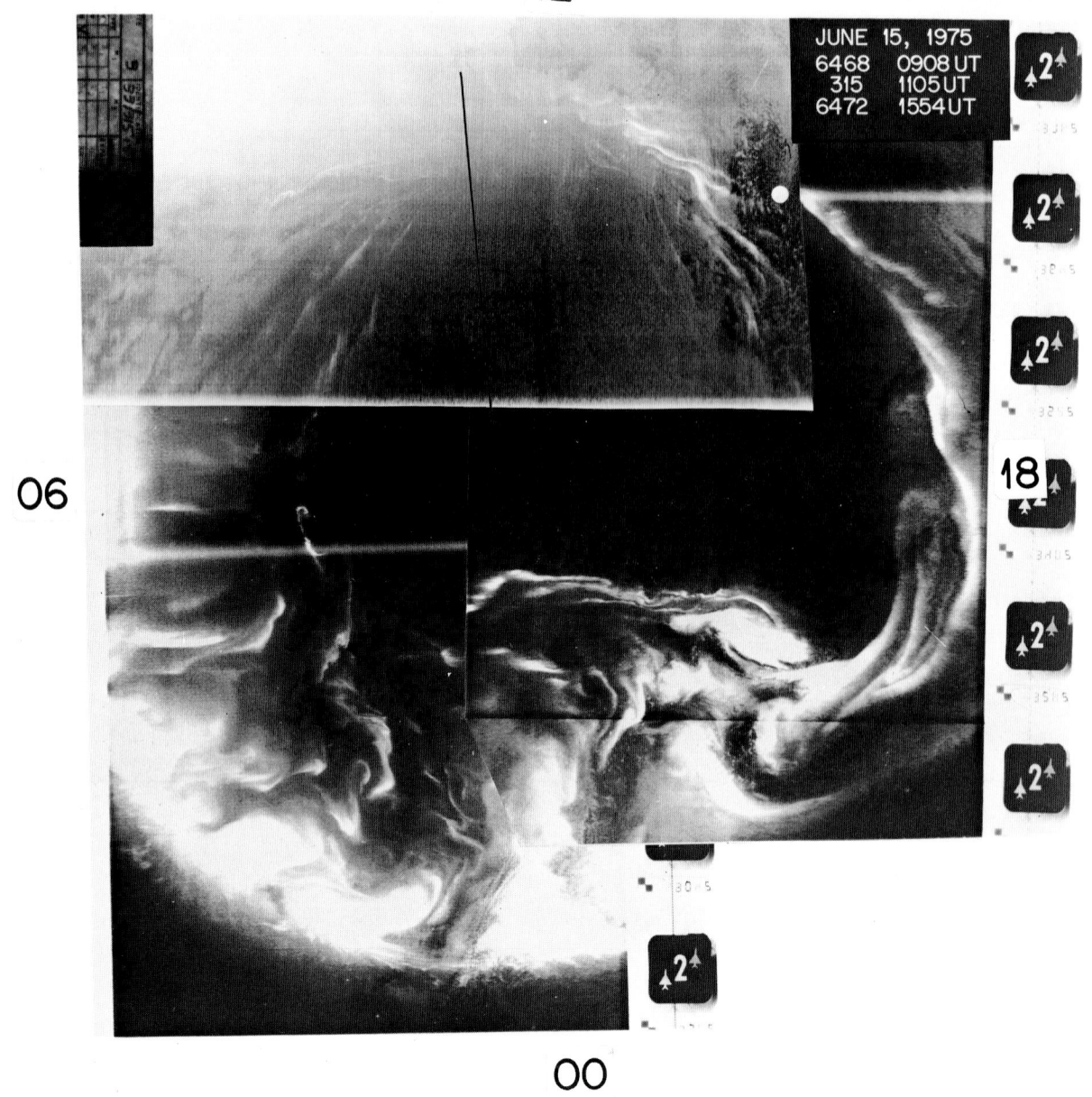

南極上空オーロラ・オーバルのモザイク写真．南半球の写真であるから朝側が左手に，夕方側は右手に見える．上方は昼側，下方は夜側・夜側の激しいオーロラ活動に特に注意して見てほしい（アメリカ空軍防衛気象衛星計画）．

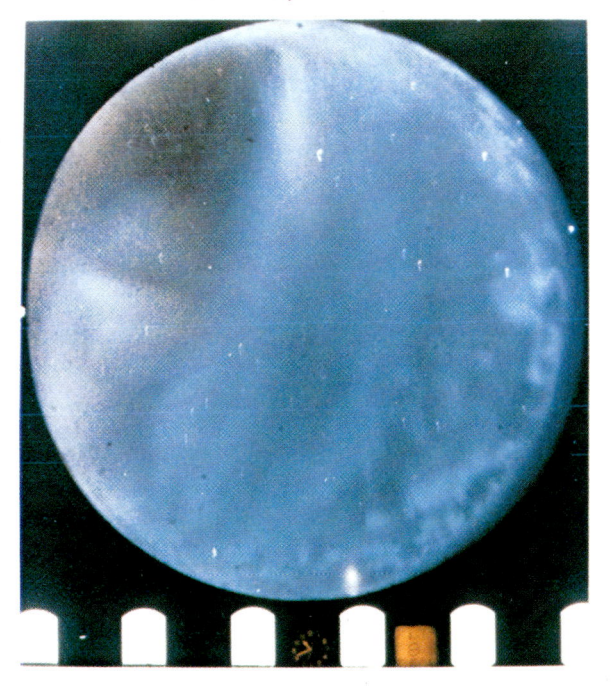

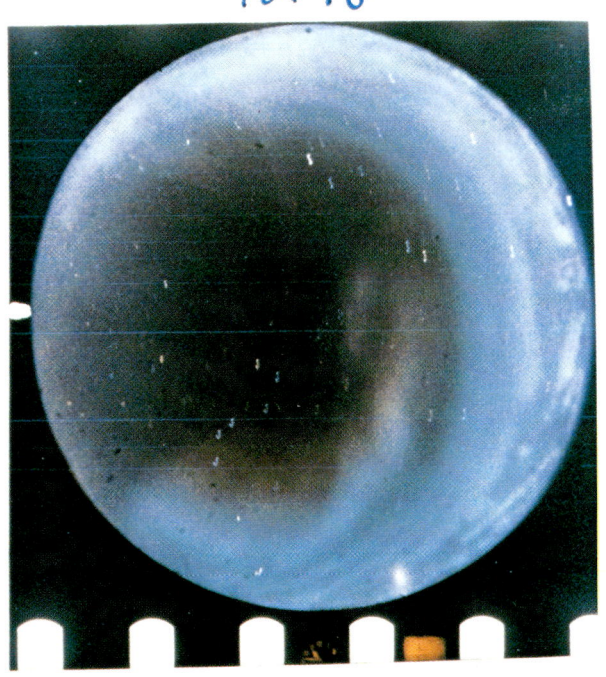

オーロラ・サブストームが進行すると，朝側のオーロラ・カーテンがバラバラになる．これはそのバラバラになったオーロラの全天写真である（機上より撮影）（アラスカ大学地球物理研究所）．

約2〜3時間続く．この大規模なオーロラ活動の詳細は最近では人工衛星から撮った写真の助けをかりて研究されている．p.99の8枚の写真は，人工衛星から観測したオーロラ・サブストームの発達を示すものである．地球のはるか上空から，挿入図の長方形に示した地域を注視していると想像してみよう．これらの写真はおよそ半時間の間にオーロラが変化する様子を見せてくれる．

ここで，電場と磁場がなにゆえに地球の周辺で変化するかの問いに答えることにしよう（ここは地球自体の磁場を言っているのではない）．変化を起こす究極的な源は太陽である．太陽活動は太陽風と惑星空間に変化を起こす．その太陽風の変化が太陽風－磁気圏発電機の効率に影響を与える．これまでの研究によると，太陽風の速度と磁場が発電機の効率を左右することがわかっている．発電機の効率は太陽風の速度に比例し，また太陽風磁場の強度の2乗に比例する．その上，太陽風磁場の方向はきわめて重要で，北を向く場合は発電機の効率は最低に，南を向くときは最高に達する．発電機の効率が高いほど発生する電圧と電流は高く強くなり，その結果オーロラの輝きが増す．

このように発電機を基礎にして研究を進めると，地球近くの電場と磁場で起こる変化の原因だけでなく，オーロラ発光と太陽の状態との関係も説明がつく．オーロラと太陽との関係は，過去100年にわたって研究されてきたが，20世紀初頭においてさえ，オーロラと太陽に関係があることは必ずしも明らかではなかった．

太陽と地球の関係探究の歴史は1859年9月1日午前11時20分に始まった．そのとき，イギリスの天文物理学者R.C.カーリントン（Richard C. Carrington）は太陽黒点をスケッチしていた．驚いたことにひとつの非常に明るい点

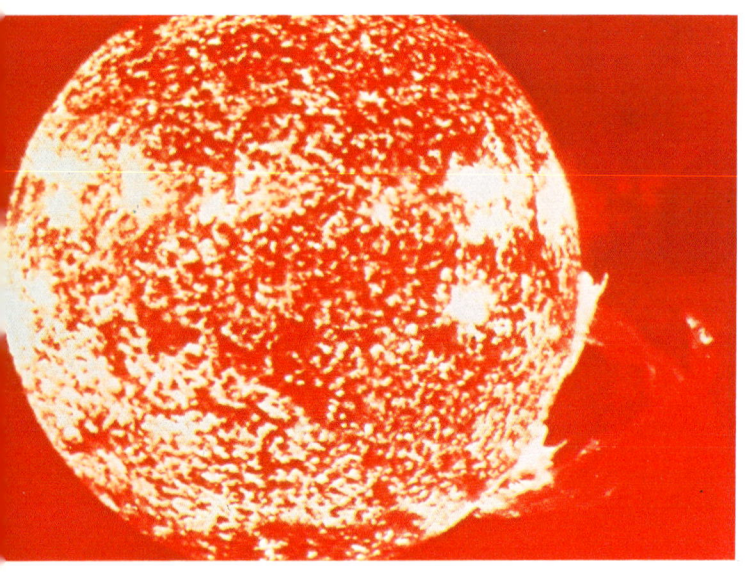

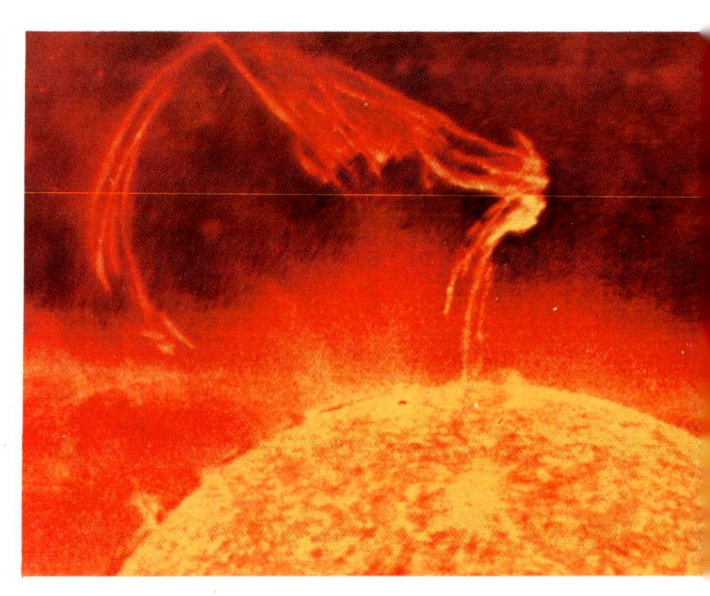

巨大な紅炎が太陽からたちのぼるところをスカイラブから撮ったもの（2枚の写真はNRLとNASAより）．

が黒点の間に現れた．かれは太陽の激しい爆発を，すなわち，今日「太陽のフレア(爆発)」と呼ばれる現象を最初に目撃したのであった．カーリントンは自分の目を疑い，「あわててその出現を誰か他の人にも見せようと駆け出した．」約1日経過してヨーロッパ各地の空は活発なオーロラでおおわれた．その日ハワイのホノルルあたりまでオーロラが見えたことを示す記録が残っている．カーリントンはかれが目撃した太陽の爆発とオーロラの大出現との間に，ひょっとするとなにか関係があるかもしれないと煮えきらない発表をした．そしてまた，「ツバメが1羽飛んで来たとて夏になったとはいえぬ」との諺を引用しながら，早急に結論を下すべきでないと警告もした．

多くの物理学者と天文学者は，カーリントンが示唆した関連性よりも，むしろ警告の方を意識した．1895年になってさえ，当時，もっとも著名なイギリスの物理学者W．トムスン(William Thomson, Lord Kelvin ケルビン卿)は，カーリントンの発見は偶然の一致にすぎない，これは「50年来未解決の問題」であると発言している．

1905年，これもイギリスの太陽物理学者E.W.モーンダー(Edward W. Maunder)は地磁気擾乱をくわしく研究した上で，「問題の磁気擾乱の源は太陽である」と述べた．しかしかれの同僚の数・物理学者A.シュースター卿(Sir Arthur Schuster)は，「謎が深まっただけだ」といって直ちに反駁した．

オーロラの出現には太陽黒点の周期とよく似た周期があることは，すでに19世紀後期に定説となっていた．にもかかわらず，太陽と地球の関係が確立されるまでにはさらに多くの歳月を経なければならなかった．1884年，S.トロムホルトはつぎのように皮肉っている．

　いわゆる地球の現象と太陽の擾乱の関連性をどう説明するだって？ そうさなあ，そいつは現代の科学者が未来の科学者に，解いてみろと残しておく謎だよ．

この謎の答が複雑きわまるものであるのは確かであるが，解決は今ようやくめどがつきかけている．

太陽風は太陽爆発後にかなり強くなる．激しい爆発が太陽黒点群の近くで起こるとき，多量のガスが放出される．このガスは太陽の突風と名づけてよいであろう．も

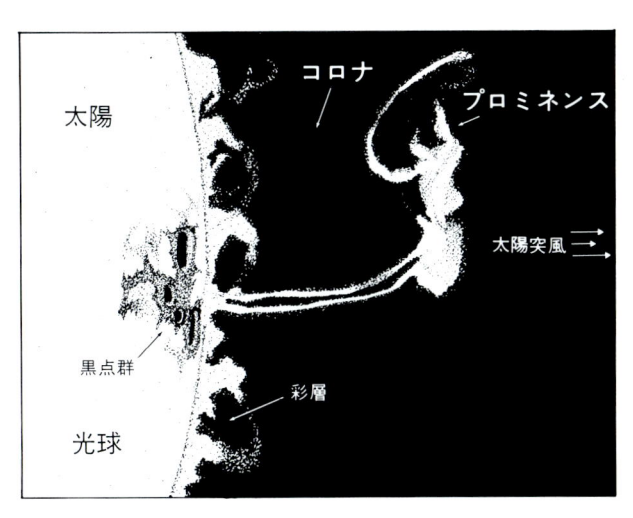

太陽のフレア．太陽の最も強烈なフレアは複雑な太陽黒点群中に生じる．このような活動域から大きな紅炎がたちのぼり，太陽突風が生じる．

スカイラブから撮った太陽の軟X線写真．写真の黒ずんだ地帯は「コロナの穴」と呼ばれ高速の太陽風が連続的に流出している（NRLとNASAより）．

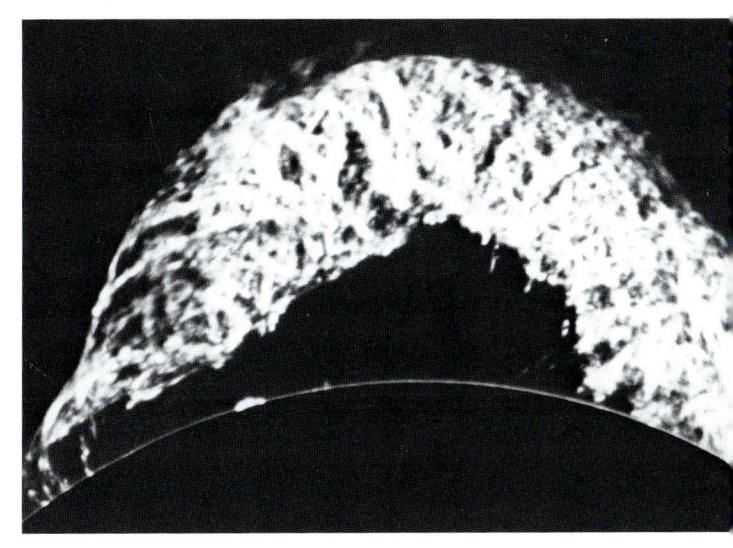

激しい太陽活動に伴って起きた最大の紅炎のひとつ(W.O. Roberts)．

し地球の位置がたまたまこのガスの噴出してくる方向にあたっている場合には，地球に到達するまでに25ないし48時間を要する．これは太陽爆発が太陽表面の中心付近に見える場合である．太陽爆発が太陽面の端近くに起これば，太陽の突風は地球から90°それた方向に吹くので，地球はその影響を受けない．

最近ではまた，高速太陽風が黒点のない比較的広い地域から流出していることも発見された．この地域はスカイラブから撮ったX線写真にきわめて明瞭に暗黒地帯として写っている．それで，この地域をコロナの穴と呼ぶ．このコロナの穴は数ヵ月から1年も消滅しないことがある．太陽は27日近くで1回転するから，コロナの穴は27日に1回地球に面し，地球はその高速太陽風にさらされるわけであるが，このためにオーロラおよび地磁気の擾乱は27日毎に起こる傾向がある．

以上述べたように，オーロラ発生と太陽黒点との相関は単純ではない．すなわち，オーロラは黒点群中に起こるフレアによる場合と，黒点のないコロナの穴からの高速風による場合とがあるので，簡単に相関の有無の結論を下すことはできない．もっとも，中緯度におけるオーロラの大出現のような異常現象は，大型の太陽黒点群の近辺に生じる強烈なフレアと関連している（すなわち，中緯度でのオーロラの出現は，太陽黒点との相関が比較的大きい）．

地球が太陽突風あるいは高速風のいずれかに包まれるとき，太陽風‐磁気圏発電機の効率は増大し，放電が強くなり，その結果として明るいオーロラが出現すると同時に，激しい地磁気擾乱が生じる．とくに強烈な太陽のフレアによって生じた強い太陽突風が磁気圏にぶつかる

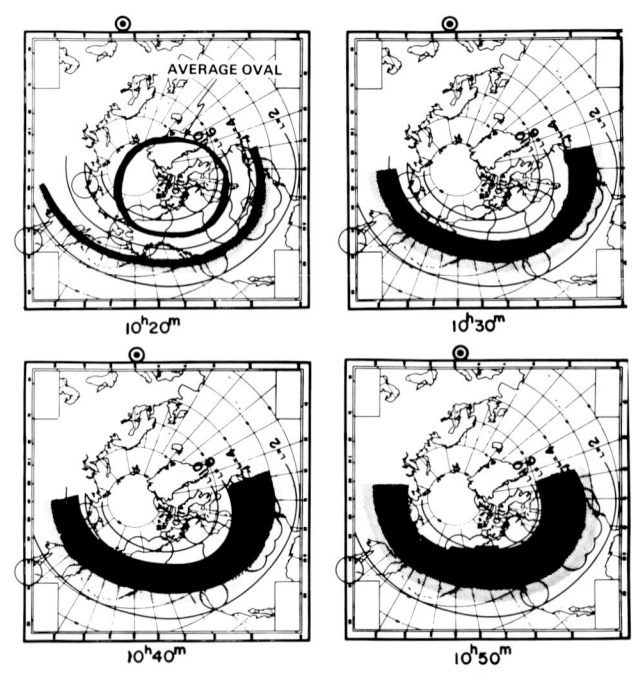

激しい地磁気嵐の発生中、オーロラ・オーバルは正常の位置から離れ、低緯度の方に移動する。1958年2月11日の地磁気嵐のとき、オーバルは時々アメリカ、カナダ国境の南まで移動した。上の4図は、この嵐の間におけるオーロラの分布を示す。オーバルの平均の大きさも左上の図に示してある（アラスカ大学地球物理研究所）。

散乱レーダー。フェアバンクス近郊チャタニカに設置され、スタンフォード・インターナショナル研究所の管理。このレーダーで測定できるのはオーロラの電離層における電場、電子密度、イオンおよび電子の温度である。オーロラ研究のためのもっとも重要な計測装置のひとつ（スタンフォード・インターナショナル研究所）。

と、激しい地磁気嵐が起こり、磁気圏の中の地球の磁場がゆがめられる。その結果（ブラウン管の原理にしたがって）、オーロラ・オーバルは、極地帯の正常位置から低緯度の方へ広がるのが常である。たとえば、1958年2月11日の大磁気嵐の間、このオーバルは、ときどきアメリカ・カナダの国境を超えて南に移動した。そのためオーロラは、一時、極地の空から姿を消してしまった。たとえば、1958年2月11日グリニッジ平均時10時頃アラスカ上空にはほとんどオーロラが見えなくなってしまった。しかしながら、この情況は長くは続かなかった。およそ半時間後、オーロラは、アメリカ北部とカナダの大部分をおおって広がった。

このようなオーロラの大出現のとき、オーロラ・カーテンの上端は、普通高度1,000 kmにも達し、原子状酸素が発する濃い暗赤色を呈する。この高さのためその光は非常に遠方からも見え、したがって普通よりもはるか南方で見られる。1958年2月11日は、赤いオーロラがメキシコでも見えた。過去におけるオーロラ大出現の記録では、1859年9月1日ホノルル、1872年2月4日はボンベイ、1909年9月25日にはシンガポール、1921年5月13日サモア、1957年9月13日および23日にはメキシコで見られた。なお、中世に大恐怖を生じたのは、このタイプのオーロラの出現であった。

前にも述べたように、オーロラはテレビ管の一種、またはブラウン管、あるいはオシロスコープの映像にたとえられる。オシロスコープは電子装置の診断に用いられるが、これとほぼ同じ方法でオーロラの「映像」を研究することによって磁気圏を「診断」できる。すなわち、地球を取り巻く宇宙空間に生じる電磁気擾乱を、極地上層大気であるオシロスコープの画面上に展開される映像を見ながら推定できることになる。オーロラ研究には、磁気圏と電離層に生じる電場の嵐を研究するため、きわめて大型の散乱レーダと呼ぶ道具を用いる。アラスカ、フェアバンクス市近郊チャタニカに配置されたものが右上の図である。

# 6 オーロラの研究目的

チャップマン教授の額の前に立つアールベェイン教授と著者（アラスカ大学地球物理研究所）．

　オーロラというこの壮大な自然現象がなぜ起こるか，それを知るのがオーロラ研究の第一目的である．これまで解説してきたように，科学者たちはオーロラ発生の一連の作用の解明に取り組んできた．今日では少なくとも，オーロラは太陽風－磁気圏発電機を電源とする地球を取り巻く大規模な放電から起こることだけはわかっている．しかしながら，現代のオーロラ研究をそれだけで終わらせるわけにはいかない．オーロラ研究の対象は，非常に高熱のガスである．それは高熱のために中性のままとどまることができないので，プラズマと呼ばれるプラスとマイナスに電荷をもつ粒子で構成されているのである．H. アールベェインは，宇宙物質の99.9％以上がプラズマ状態にあるという．それゆえ，物質のこの極限状態は，天体物理学のほとんどあらゆる分野の解明に本質的な重要性をもってくる．たとえば，太陽系の構成，太陽・恒星・準星・パルサー・星雲のさまざまな物理過程などである．オーロラのプラズマは自然界において人工衛星に搭載された計測器で，「じかに」研究できる唯一のものである（ただし惑星に旅する宇宙探査船によって収集される知識は別とする）．

　上述の高温ガスにつけた「プラズマ」という術語は，アメリカの有名な物理学者I. ラングミュア (Irving Langmuir) の造語である．かれは荷電微粒子の一群が，一団となってプラズマ振動と呼ばれる"有機"的な振舞いを示すことを発見した．この"有機的"な振舞いが陰陽極の構造（V字型ポテンシャルと称する）の役割を演じ，オーロラ電子を加速する．この加速が生じないとオーロラは出現しない．わずか数年前までは，オーロラ物理学者と天体物理学者は，根本原理として希薄な高温プラズマの中ではオーロラ電子は磁場線に沿って加速されえないと確信していた．ところが，これが事実でないことがオーロラの存在を通じて実証されたのである．この発見がプラズマ物理学と天体物理学に及ぼす影響は甚大かつ革命的なものである．というのは，上述の仮説の上にうちたてられた多くの学説がこれによって徹底的に書き直しをせまられるからである．オーロラ研究の一面が科学に対してこのような根本的寄与を果たしたのはオーロラ科学者たちにとってうれしいことである．

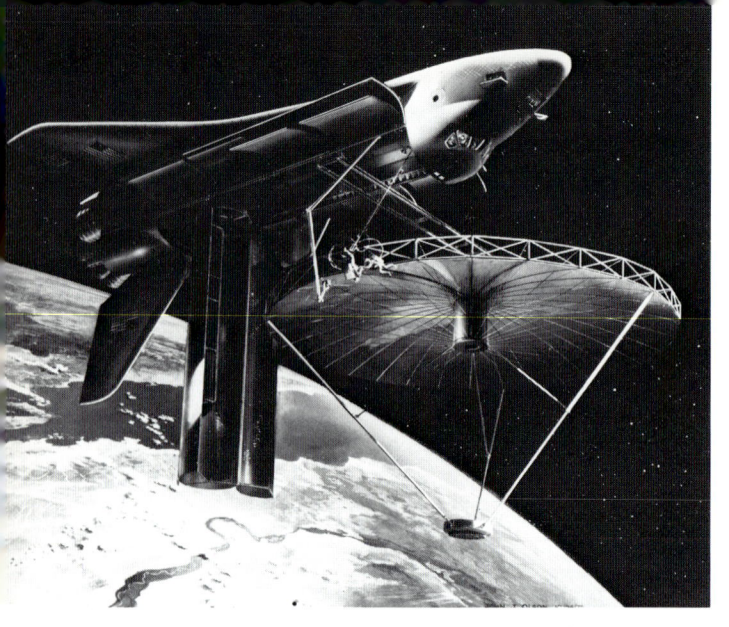

画家が想像して描いた，スペースシャトルによって空中に組み立てられた太陽発電所（NASA）．

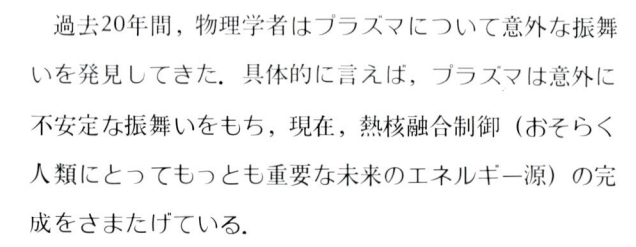

高緯度のアマチュア無線家（ハム）は，オーロラの活動中，世界各地との通信不能になることをよく経験する（赤祖父俊一）．

過去20年間，物理学者はプラズマについて意外な振舞いを発見してきた．具体的に言えば，プラズマは意外に不安定な振舞いをもち，現在，熱核融合制御（おそらく人類にとってもっとも重要な未来のエネルギー源）の完成をさまたげている．

今日，地球から38,000km離れたところに宇宙発電所を設置する計画がたてられている．しかしながら，この種の発電所は磁気圏の強烈なオーロラ電子線と熱いプラズマに浸される．またときには磁気圏をおしつぶすような強い太陽風が吹き，激しい磁気嵐が起こる間，宇宙発電所は太陽風にさえ浸されることも起こるであろう．このような状況の下で宇宙発電所を活動させるには，多大の研究を経た上でなければ，安全運転の見通しはたたないのである．

オーロラは極地の電離層と無線電波の伝播を妨害し，無線通信の混乱や航空上の困難を生じさせる．とくに，活発なオーロラ嵐が進行していると，オーロラ電子は電離層のE層のすぐ下まで突入し，D層と呼ばれる特別の電離層を生じる．電波（短波）はそこで吸収されてしまうので，反射して遠距離の受信機に達することができない．

オーロラが電離層を攪乱するため，オーロラの出現中は短波無電がよく不通になる（R. Hunsucker, アラスカ大学地球物理研究所）．

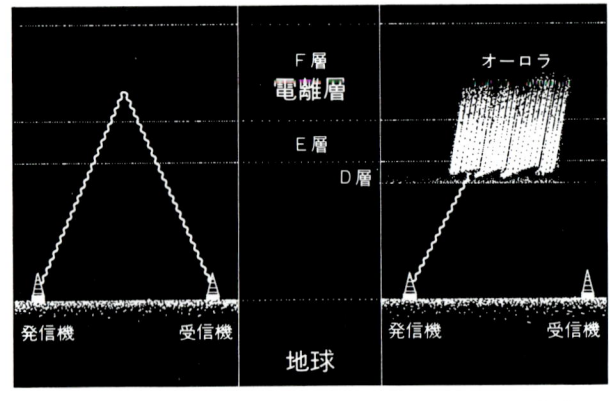

電離層およびそれを横ぎる電波に対して，オーロラのおよぼす影響．D層と呼ばれる電離層の異常層が，激しいオーロラの出現中にしばしば形成され，電波を吸収する．

カニ星雲中のパルサーは，磁気圏をもっていると考えられている．地球の磁気圏の研究は，その研究に将来役立つであろう（パロマ天文台）．

外惑星探査船は無事土星に接近し，土星が磁気圏をもっていることを確認した．したがって土星にもオーロラ現象があると思われる．実際，土星はオーロラ電波らしい電波も発している．

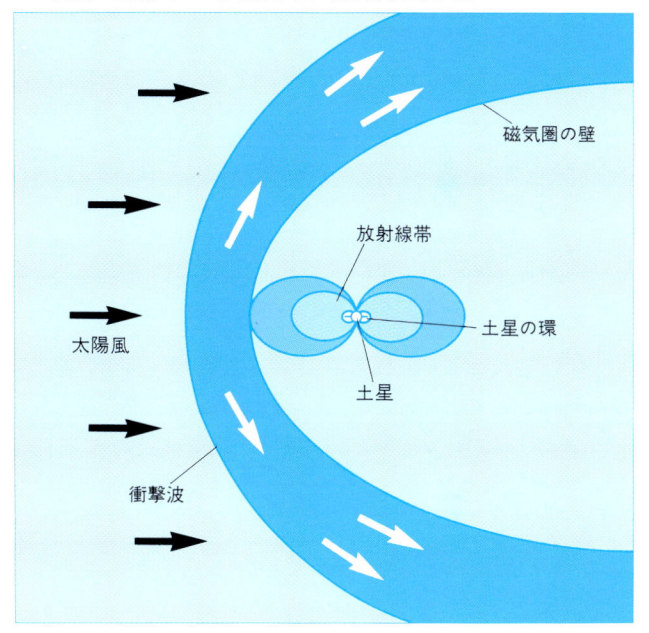

土星の磁気圏．土星の環は放射線帯に包まれている．土星からの電波観測でオーロラが存在していることは推測されているが，まだ撮影はされていない．

　高緯度のハム（アマチュア無線家）は，しばしばこの種のオーロラの影響をこうむる．電離層のE層およびF層のオーロラ・カーテンは，また無線電波を反射する性質をもっている．それゆえ，高緯度のレーダ操作はしばしば大きな妨害を受ける．人工衛星の活動もまた，オーロラ電子線とバン・アレン帯の高エネルギー粒子により影響を受ける．それは太陽電池をいため，また，表面の塗装もそこなう．高温希薄な磁気圏プラズマの中での異状な静電気の放電のために，衛星に嘘の指令が発せられる可能性がある．人工衛星がこのような放電の影響で駄目になった例さえある．

　オーロラは放電現象であるから約100万Aの電流が電離層の高度，すなわち，高度約100〜110kmでオーロラ・カーテンに沿って流れる．この電離層電流は高緯度における地磁気擾乱の主因である．もっとも，コンパスの指針の方向の狂いは普通数度を超えることはないが，ごくまれには（強烈な地磁気嵐の間には），コンパスの指針がごく短時間（数分間）約10°もゆれることがある．この放電電流の強さが変化すると，それによって生じる磁場の変化が，地球上の長い伝導体の中に電流を誘導する．たとえば，送電線・石油あるいはガスのパイプラインなどである．そしてその結果，トランス（変圧器）の機能不全や偶発の停電，パイプラインの腐食その他の損害を生じる．たとえば，昔の話になるが，1859年にカーリントンが見たオーロラは，その当日，ヨーロッパの電信網にかなり大きな混乱を生じたのであった．1897年A.アンゴーは次のように述べている．

(上) オーロラは長い電導体に沿って強い電流を誘導する．たとえば，石油のパイプライン，送電線，電話線など．図はフェアバンクス市近郊，オーロラとアラスカ縦断の石油パイプライン（赤祖父俊一）．

(左) ノルウェーのトロムゾー上空に現れたスケールの大きなひだつきのオーロラ・カーテン（T. Berkey）．

　9月2日は終日フランス全国の電信局で業務が妨害を受けた．……電磁石が連続的に電機子を引きつけていた．……電流はきわめて強力で，電線を離して導電性の物質をあてがうと，明るい火花を発した．……当日，両半球の大部分，すなわち，スイス・ドイツ・イギリス諸島・北アメリカおよびオーストラリア全土において，地電流も観測された．とくにアメリカではそれが非常に強力で，2時間は電池を用いずに地電流だけで，ボストンからポートランドへ，またその逆に通信ができた．

A. Angot : The Aurora Borealis（『北極光』）．<br>New York, D. Appleton, 1897.

　1958年2月10日の赤いオーロラが出現している間，カナダ北東部に一時的な停電が起こった．ある変電所の遮断器が異常を起こしたのであった．さらに最近の例では，1972年8月初め，激烈な地磁気擾乱の際，アメリカ中西部で起こった同軸ケーブル通信網の遮断であった．また同時に，カナダのマニトーバ水力発電所からの報告によれば，そこからミネソタへ送っていた電気は約1分間，164MWから44MWに減じ，その後10～15分間は105MWから平均60MWに減じた．また同日，ケベック水力発電所からの報告では，過重負荷のためはなはだしい電力低下が起こったとのことである．ニューファンドランドおよびサスカチェワン（カナダ中西部の州）では電力のかなりひどい変動が起こった．ブリティッシュ・コロンビア水力発電所ではトランスが1個こわれた．

　オーロラ科学者は今日，太陽物理学者と協力し，防衛機構も含めて，電力会社と通信機関に正確な予報を送るために活躍している．諸種の光学器機，電波器機，人工衛星搭載計測器を使用して，絶えず太陽を観測する世界的な太陽モニター（監視）組織ができている．具体的な予報を発するのは，コロラド州ボールダーの国立海洋大気局，宇宙環境研究所，太陽活動予報センターである．

　上述のように，オーロラはきわめて広範囲に影響を及ぼすため，世界中にはいくつかの研究所が設置され，オーロラ研究のために，鋭意主力を注いでいる．アラスカ大学地球物理研究所はそのひとつである．また多数の研究所と大学でも多数の科学者がオーロラ現象の研究をしている．

　オーロラの研究から推定すると，オーロラは高速プラズマ流が（たとえば，太陽風と恒星風）が磁性をもった

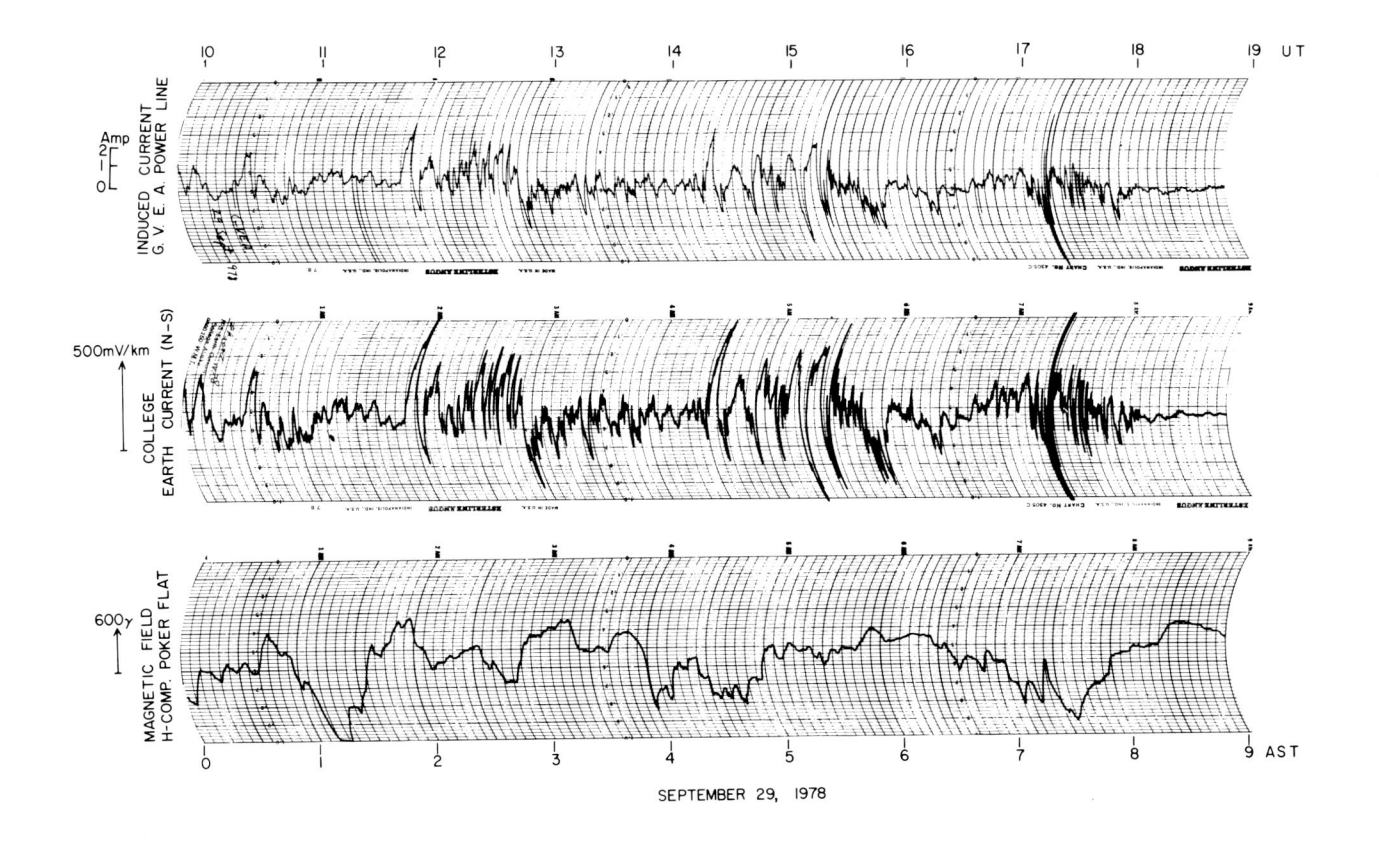

アラスカのヒーリーからフェアバンクスまでの GVEA 送電線に現れた電力変動（上図）．同時刻の活動監視役としてのオーロラによって誘導された電場記録（中図）と磁気擾乱（下図）（アラスカ大学地球物理研究所）．

天体と相互作用を起こすところで出現が可能である．太陽も含めて多くの恒星は磁性を有する．ある惑星，たとえば，水星，木星，土星もまた磁性を有する．木星にはオーロラ現象の兆候がすでにいくらか発見されている．やがて，木星に行く宇宙探査船に搭載されたテレビ装置でオーロラを発見することであろう＊．木星と地球とはまったく異種の惑星ではあるが，両者になにか共通点が発見されるとなると楽しみである．実際，木星には巨大な磁気圏が存在することはすでに発見されている．太陽爆発のプラズマの基本的作用にはオーロラ現象のそれに類似するものがあるという説もあり，また太陽系は膨大なプラズマ雲の収縮によってつくられたにちがいないから，オーロラのプラズマを研究すれば，太陽系の進化がいっそうよくわかるという説もある．

オーロラ発電所はまだ想像の段階である．この点ではT. ノックスの時代から大した進歩はない．オーロラ活動は天候と気候に影響すると考えるオーロラ学者もあり，この分野での幅広い研究が始まっている．

＊ 1980年宇宙探査船ボイジャー1号は木星のオーロラ撮影に成功した．

ポーカー・フラット・ロケット発射場から打ち上げられたロケット．
この発射場はアラスカ大学地球物理研究所によって運営されている
(B. Baranauskas, アラスカ大学地球物理研究所).

活発なオーロラ・カーテンが反物状に発達するところ．深紅色も濃く出ている（安原文彦）．

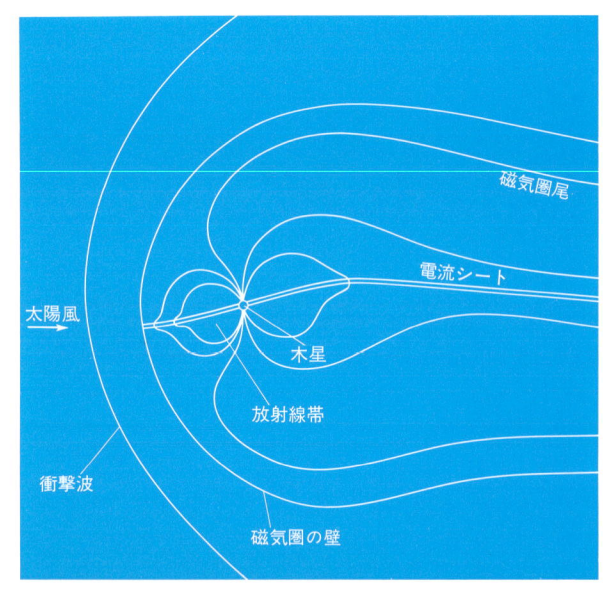

図中ラベル: 磁気圏尾／電流シート／太陽風／木星／放射線帯／衝撃波／磁気圏の壁

木星の磁気圏の断面図．木星は地球よりはるかに強い磁場をもっているためもあって，その磁気圏は地球のものより数十倍大きい．

（下）　木星とその衛星．ボイジャー1号のカメラで撮影されたもの（ジェット推進研究所）．

ボイジャー1号で撮影された木星のオーロラ．29,000 km の長さがあるので，地球のオーロラよりはるかに長い．オーロラより数千Km下層に非常に強烈な雷光らしいものが写っている．(ジェット推進研究所)．

気温－20°F（－8°C）以下のときは，カメラの操作に余分の注意が必要である．図はシャッターが正常に動かなかったことを示す（赤祖父俊一）．

# 付録 オーロラの写真撮影

オーロラをフィルムにとらえるには，およそつぎのカメラ用備品が必要である．

- がっしりした三脚
- 固定できるシャッター・レリース・ケーブル（35ミリカメラには，タイムとバルブの両装置付きがあるが，多くはバルブだけ．そのためシャッター・レリース・ケーブルが必要）
- f/3.5（またはさらに明るい）レンズ付きのカメラ

オーロラの動きがあまり速すぎない夜に撮るのがもっともよい．たいてい，前景になにかはっきり見えるもの——多くの写真家は樹木とあかりをつけた小屋を好む——を入れることができれば写真は一段とはえよう．オーロラと前景の両方が，ぴったり焦点に入るように，前景の事物から少なくとも，75フィート後方にカメラを置く必要がある．

標準および広角レンズがもっともよい．露出は1分以下にすること．普通10～30秒が最適．つぎに掲げるレン

ズの開きと露出時間はまず小手調べとして使うこと．理由は，オーロラの光量は一定していないから（最良の効果を得るには露出を大幅に変える）．

|  | ASA 200 | ASA 400 |
|---|---|---|
| f 1.2 | 3 秒 | 2 秒 |
| f 1.4 | 5 | 3 |
| f 1.8 | 7 | 4 |
| f 2 | 20 | 10 |
| f 2.8 | 40 | 20 |
| f 3.5 | 60 | 30 |

### 注意事項

■露出準備を完了するまでは，カメラを低温にさらさないよう注意すること．とくに，新型カメラには低温ではよく働かない電動シャッターをつけたものがある．

■静電気の起こる可能性を少なくするためフィルムを徐々に巻くこと．フィルムの上に筋が付くのを防ぐためである．巻きもどしのとき，カメラをアースすれば静電気の問題を予防するのに有効である（カメラをアースするには，水道管，金属性柵柱あるいは，なにか固定したものにもたせかけてもつこと）．

基本原則を守り，露出の実験をすればよい結果を得られるはずである．

# 文　　　献

この本を読まれてオーロラに興味をもたれた読者は，赤祖父俊一『オーロラ——地球をとりまく放電現象』（中央公論社刊）その他を参照されたい．以下に参考文献を若干あげておく．

Akasofu, Syun-Ichi : *Polar and Magnetospheric Substorms.* Dordrecht, Holland, D. Reidel Publ. Co., 1968.
Akasofu, Syun-Ichi and Chapman, Sydney : *Solar-Terrestrial Physics.* London, Oxford University Press, 1972.
Alfvén, Hannes : *Cosmical Electrodynamics.* London, Oxford University Press, 1950.
Beecher, Arthur : "When the Aurora Hits the Earth", *The ALASKA SPORTSMAN*®, November, 1939.
Chamberlain, Joseph W. : *Physics of the Aurora and Airglow.* New York, Academic Press, 1961.
Cresswell, G. : "Fire in the Sky", *The ALASKA SPORTSMAN*®, January, 1968.
Damron, Floyd : "How to Photograph the Northern Lights", *ALASKA*® magazine, November, 1973.
Ellison, M.A. : *The Sun and Its Influence,* Third edition. London, Routledge and Kegan Paul Ltd., 1968.
Elvey, C.T. : "Can You Hear the Northern Lights?", *The ALASKA SPORTSMAN*®, June, 1962.
Hunsucker, Robert D. : "The Northern Lights", *The ALASKA SPORTSMAN*®, March, 1963.
Jones, Alister Vallance : *Aurora.* D. Reidel Publ. Co., Dordrecht, Holland, 1974.
小口　高：宇宙空間の科学（NHKブックス　201）．日本放送出版協会，1974．
小口　高：神秘の光オーロラ（NHKブックス　329）．日本放送出版協会，1978．
Petrie, William : *Keoeeit - The Story of the Aurora Borealis.* Pergamon Press, Oxford, 1963.
Stormer, Carl : *The Polar Aurora.* London, Oxford University Press, 1955.
Zirin, Harold : *The Solar Atmosphere.* Waltham, Mass., Blaisdell Publ. Co., 1966.

オーロラは，地上で見られる自然現象のうち，もっともすばらしいものである（赤祖父俊一）．

# 索　引

赤いオーロラ　17
熱いプラズマ　106
アムンセン，R.　24
『アラスカの天然金塊』　37
アリストテレス　7, 9
アールベェイン，H.　90, 91, 105
アンゴー，A.　14, 107
E 層　107
陰極線管　→　ブラウン管
ウィスバー，F.　35
ウェゲナー，A.L.　7
宇宙発電所　106
エスキモー　8
X 線　80
F 層　107
MHD発電機　94
エリス，E.　25
遠近効果　46, 52
『王の鏡』　12
オシロスコープ　104
帯状オーロラ　63
オーロラ　40
　　──の基本形　42
　　──の仰角と水平距離　50
　　──の高度　40, 42
　　──の出現頻度(年平均)　50, 55
　　──の出現平均頻度(夜の年間回数)　54
　　──の電気回路　93
　　──の発光機構　84
　　──の放電　85
　　──の放電原因　86
　　──の緑線　75
オーロラ・オーバル　61, 62, 64
オーロラ・カーテン　41

オーロラ荷電粒子のエネルギー・スペクトル　95
オーロラ現象の模擬実験　86
オーロラ光のスペクトル　75
オーロラ・サブストーム　98
　　──の発達　99
オーロラ帯の再現　86
オーロラ電子　105
オーロラ電子線　106
オーロラ発電所　109
オーロラ分光学　66
オングストローム，A.J.　74, 78
オングストローム単位　75

**ガ**ッセンディ，P.　40
カーテン状オーロラ　50
荷電粒子流　89
ガーバー，D.M.　80
ガリレオ号　66, 67
カーリントン，R.C.　101
『気象学』　9
キャッシ　38
キャプテン・クック　24, 32
キャベンディシュ，H.　7, 41
キャンプ，F.B.　37
『旧約聖書』　7
極 冠　89, 94
グリーリー，A.W.　24
螢光物質　86
ゲイ・リューサック　48
ケイン，E.K.　24
血赤色のオーロラ　83
ゲーテ　7
高エネルギー粒子　107
恒星風　108

高速プラズマ流　108
国際地球観測年(IGY)　60
コホテーク彗星　89
コロナ　47, 89
　　──の穴　103
コロナ型オーロラ　52, 54

**サ**ービス，R.　35
酸素原子　76
散乱レーダー　104
紫外線　80
磁気圏　89
磁気圏界面　92
磁気圏尾　92, 93
磁気圏プラズマ　107
磁気擾乱　86
『自然に関する問題』　9
磁 場　87
『信濃毎日新聞』　19
射線構造　41
シュースター卿，A.　102
白瀬南極探険隊　33
磁力線　88
人工衛星
　　ISIS 2号　66
　　「極光」　74
　　「ダップ」　72
　　「ベガ」　95
スカース，S.　37
スコット，R.F.　24, 25, 27
ステルマー，C.　41, 59, 60
赤外線　80
セネカ　9
全天カメラ　40, 61
　　──の構造と光学　60

117

太　陽　101
　　——の突風　102
　　——のフレア　102，103
太陽モニター(監視)組織　106
太陽系の進化　109
太陽光線のスペクトル　75
太陽黒点　89，103
　　——の周期　102
太陽コロナ　91
太陽風　89，108
　　——の速度　101
太陽風-磁気圏　87
　　——発電機　92〜94
太陽風磁場　89，101
ダ・メラン　41，58
地球磁場の図解　88
地磁気嵐　104
窒素分子　76
チャップマン，S.　90，91
チャーント，C.A.　80
超高度高速テレビ装置　41
テイラー，B.　32
デカルト　7
D 層　106
デビーク，O.　88
電　子　89
電磁気擾乱　104
電子線の衝突点　96
天体物理学　105
電導体　87
電場の嵐　104
電波の雑音　80
電離層　80，107
電離層電流　107
土星の磁気圏　107

トムスン，W.　102
ドルトン，J.　7，40，41
トロムホルト，S.　59，80，87，102

南極光　63，68
ナンセン，F.　24
二次電子　76
『日本気象史料』　14
『日本書紀』　14
ネオン・サインの原理　75
ノルデンショルド，A.E.　24，31

パウルセン，A.　41
薄膜状オーロラ　50
発電機としての磁気圏　92
発電機の効率　101
パリー，W.E.　24，58
ハレー，E.　7，88
バン・アレン，J.A.　94
バン・アレン帯　94
ビァカラーン，K.　60，86
ピアリー，R.E.　53
ビヨー　48
V字型ポテンシャル　96，105
フェラロー，V.　90
フェルドスタイン，Y.I.　61
フーパー，W.H.　7
ブラウン管　94，95
フラー，V.R.　59
プラズマ　89，105
プラズマ雲の収縮　109
プラズマ・シート　92
プラズマ物理学　105
ブラムホール，H.　59
フランクリン，B.　7，84，86

フランクリン卿，J.　24，27
フランクリン探険隊　28
フロビシャー卿，M.　28
ベガード，L.　76，78
放送帯　80
放電現象　76
ホークス，E.W.　9
北極光　7，63，68
『北極光』　14
『北極光のドで』　87
ホール，C.F.　7，47
ホロシーバ，O.V.　61

マクリントック，F.L.　28
「見えない電線」　94
木　星　112
　　——のオーロラ　113
　　——の磁気圏　112
モーンダー，E.W.　102

夜光雲　44
夜光層　49
陽　子　89

ラズムソン，K.　9
ラマノーソフ，M.V.　7
『ラブラドル・エスキモー』　9
ラングミュア，I.　105
緑白色　81
ルーミス，E.　50，55
　　——のオーロラ帯　60
励　起　74
レムストローム，K.S.　86，88
連続スペクトル　74

**著者略歴**

1930年　長野県に生まれる
1953年　東北大学理学部卒業
1961年　アラスカ大学　ph.D.
現　在　アラスカ大学地球物理研究所教授

---

オーロラ写真集 ―素晴らしい極光の世界―　　定価はカバーに表示

1981年6月25日　初版第1刷
2003年11月10日　第5刷（普及版）

著　者　赤祖父　俊　一
発行者　朝　倉　邦　造
発行所　株式会社　朝　倉　書　店
　　　　東京都新宿区新小川町6-29
　　　　郵便番号 162-8707
　　　　電　話 03(3260)0141
　　　　FAX 03(3268)1376
　　　　http://www.asakura.co.jp

〈検印省略〉

© 1981〈無断複写・転載を禁ず〉　　大日本印刷・渡辺製本

ISBN 4-254-16105-0　C3044　　Printed in Japan

火星の姿を我々の身近なものに感じさせる本格的写真集《復刊》

# 火星 ─探査衛星写真─

NASA協力　小尾信彌 訳

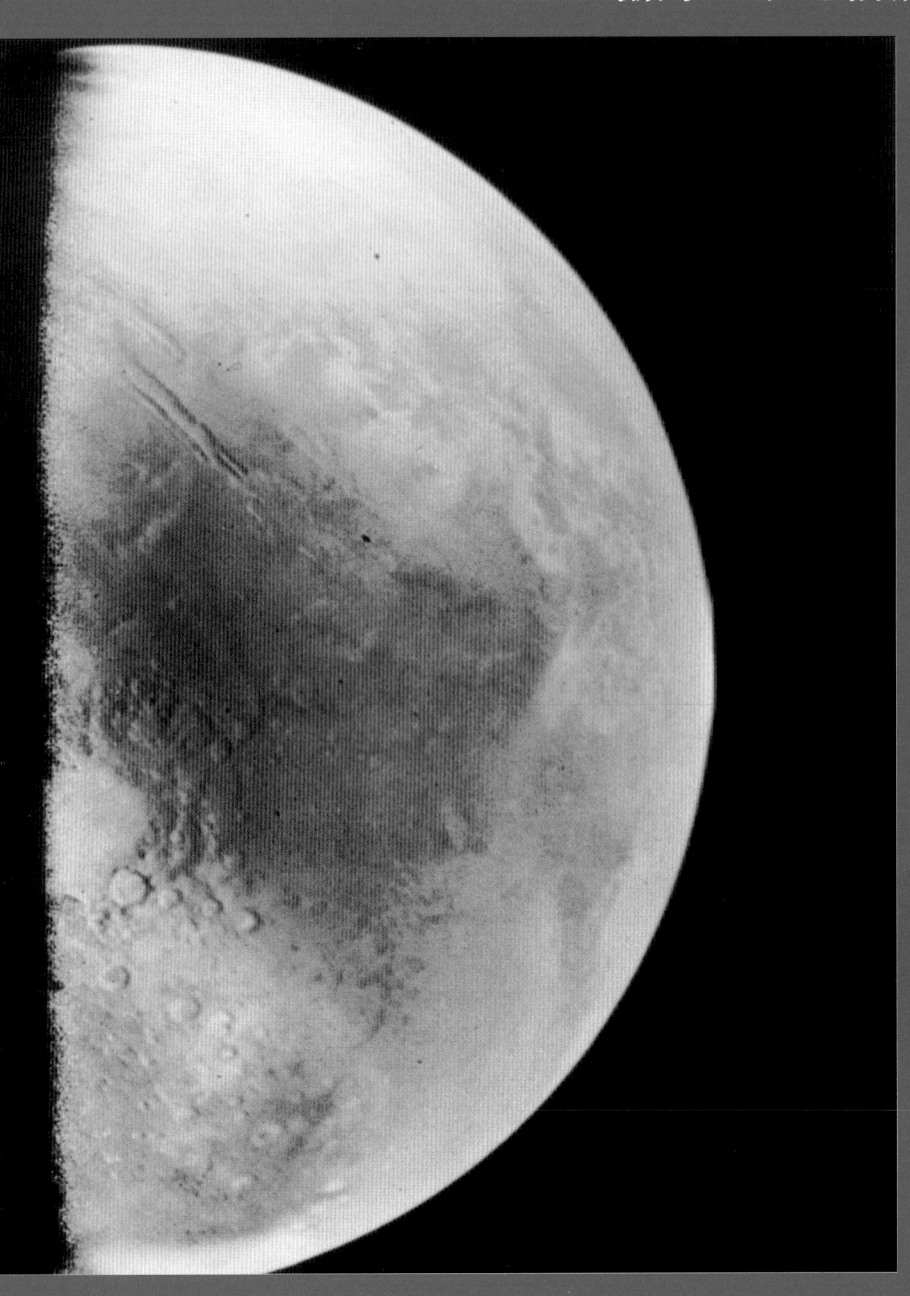

## 目次

Ⅰ. 火星の概要
Ⅱ. バイキング1号および2号による探査写真
Ⅲ. マリナー9号から見た火星

1. はじめに
2. 火星の大火山
3. 神秘な峡谷
4. チャネル
5. 割れ目系と断層
6. 断崖
7. 複雑地域と錯綜地域
8. クレーター
9. 風成地形
10. 移り変わる火星表面
11. 広がる大平原
12. 極地域
13. 火星の雲
14. 火星の月
15. 火星の不思議
16. 火星，地球，月の類似点
付. 写真プリントの入手
　　火星のレリーフ地図

A4変型判　288頁
定価（本体5,800円+税）送料450円
ISBN 4-254-15001-6 C3044

鳥の渡りや魚の回遊に代表される生物の"移動"の神秘を豊富な
カラー写真・図で示すユニークな書。20年を経て復刊━━━

# 図説
# 生物の行動百科
## 渡りをする生きものたち

### The Mystery of MIGRATION

ロビン・ベーカー 編集　　桑原 萬壽太郎 訳

── 目　次 ──

**はじめに** …………… 6
観察の歴史／真実・神話・伝説／冬眠／
移動についての論争／旧説・新説

**移動とは何か** …………… 14
移動についての定義と概念／生涯軌跡，
熟知地域，ホーム・レーンジ／（航路決
定と探索）／移動方法の研究

**植　物** …………… 34
胞子，種子，果実の水・風・動物による
移動／自己移動／破裂による移動法

**無脊椎動物** …………… 46
海の動物プランクトンとタコからミミズ
とクモに至る動物の移動／カサガイの熟
知地域／降河による移動

**昆　虫** …………… 64
温帯・熱帯のチョウとガの対照的な移
動／アリマキ，テントウムシ，バッタの
移動／社会性昆虫の探索

**魚** …………… 92
淡水・海水での移動パターン／サケの移
動／深海魚と沿岸魚の移動／追跡と航路
決定

**両生類と爬虫類** …………… 116
形態と行動のちがいについて／生涯軌跡
に欠かせない水の存在／カエル，ヒキガ
エル，イモリ，カイマン，ヘビ，カメの
移動

**鳥** …………… 128
観察方法／旧世界と新世界での移動／海
鳥／移動と鳥の生理的変化／航路決定と
方位の決め方

**コウモリ** …………… 168
追跡／冬眠場所への移動／夏の採餌と繁
殖コロニー／採餌のための飛行／こだま
定位と航路決定

**水生哺乳類** …………… 180
アザラシの移動／ナガスクジラの地球一
周移動／イルカとカバの移動／カワウソ
とホッキョクグマを追跡する

**陸生哺乳類** …………… 196
進化，移動，大陸漂流／ヌー，カリブー，
バイソンの季節移動／探索と熟知地域

**ヒ　ト** …………… 220
生涯軌跡／狩猟−採集民，遊牧民，農耕
民，産業従事者の移動／航路決定

A4変型判　256頁
定価（本体9,500円+税）送料450円
ISBN 4-254-10022-1 C3040

**生命と地球の進化アトラス**

## I 地球の起源からシルル紀

A4変型判148ページ 定価（本体8500円＋税）
ISBN 4-254-16242-1 C3044 【好評発売中】

### 1 はじめに──地球史の始まり
**地球の起源と特質**
　●化石のでき方　●化学循環
**生命の起源と特質**
　●五つの界
**始生代**（45億5000万年前から25億年前）
　●藻類の進化
**原生代**（25億年前から5億4500万年前）
　●初期無脊椎動物の進化

### 2 古生代前期──生命の爆発的進化
**カンブリア紀**（5億4500万年前から4億9000万年前）
　●節足動物の進化
**オルドビス紀**（4億9000万年前から4億4300万年前）
　●三葉虫類の進化
**シルル紀**（4億4300万年前から4億1700万年前）
　●脊索動物の進化

## II デボン紀から白亜紀

A4変型判148ページ 定価（本体8500円＋税）
ISBN 4-254-16243-X C3044 【好評発売中】

### 3 古生代後期──生命の上陸
**デボン紀**（4億1700万年前から3億5400万年前）
　●魚類の進化
**石炭紀前期**（3億5400万年前から3億2400万年前）
　●両生類の進化
**石炭紀後期**（3億2400万年前から2億9500万年前）
　●昆虫類の進化
**ペルム紀**（2億9500万年前から2億4800万年前）
　●哺乳類型爬虫類の進化

### 4 中生代──爬虫類が地球を支配
**三畳紀**（2億4800万年前から2億500万年前）
　●爬虫類の進化
**ジュラ紀**（2億500万年前から1億4400万年前）
　●アンモナイト類の進化　●恐竜類の進化
**白亜紀**（1億4400万年前から6500万年前）
　●顕花植物の進化　●鳥類の進化

## III 第三紀から現代

A4変型判148ページ 定価（本体8500円＋税）
ISBN 4-254-16244-8 C3044 【2004年1月上旬刊行】

### 5 第三紀──哺乳類の台頭
**古第三紀**（6500万年前から2400万年前）
　●哺乳類の進化　●食肉類の進化
**新第三紀**（2400万年前から180万年前）
　●有蹄類の進化　●霊長類の進化

### 6 第四紀──現代に至るまで
**更新世**（180万年前から1万年前）
　●人類の進化
**完新世**（1万年前から現在まで）
　●現代における絶滅

定価は2003年10月現在

**朝倉書店**
〒162-8707　東京都新宿区新小川町6-29／振替00160-9-8673
電話03-3260-7631／FAX03-3260-0180
http://www.asakura.co.jp　eigyo@asakura.co.jp